# DE L'AMORTISSEMENT

## DES

# OBLIGATIONS DE CHEMINS DE FER

CORBEIL. — TYPOGRAPHIE ET STÉRÉOTYPIE DE CRÉTÉ.

# AMORTISSEMENT

DES

# OBLIGATIONS DE CHEMINS DE FER

ET

## VALEUR DE LA PRIME DE REMBOURSEMENT D'UNE OBLIGATION

### Par A. CLARINVAL

CAPITAINE D'ÉTAT-MAJOR

PROFESSEUR A L'ÉCOLE IMPÉRIALE D'APPLICATION D'ÉTAT-MAJOR.

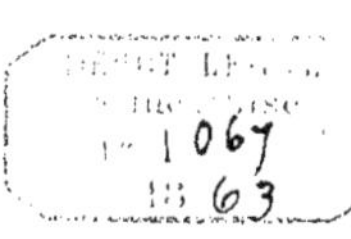



# PARIS

LIBRAIRIE SCIENTIFIQUE, INDUSTRIELLE ET AGRICOLE

EUGÈNE **LACROIX**, ÉDITEUR

LIBRAIRE DE LA SOCIÉTÉ DES INGÉNIEURS CIVILS

15, QUAI MALAQUAIS

1863

# DE L'AMORTISSEMENT

### DES

# OBLIGATIONS DE CHEMINS DE FER.

## PREMIÈRE PARTIE

### INTRODUCTION

#### 1° Généralités.

Depuis quelques années on donne un tel développement aux emprunts par obligations, qu'il est du plus haut intérêt d'en étudier l'économie.

Les compagnies des chemins de fer, principalement, ont recours à l'emprunt, pour se procurer le complément des capitaux nécessaires à l'exécution de leurs réseaux; elles émettent, à cet effet, des obligations produisant un revenu fixe et remboursables à l'aide d'annúités réparties sur une période qui n'excède pas 99 années.

Le placement sur obligations présente de grandes conditions de sécurité, puisqu'il offre pour garanties, soit l'actif social d'une compagnie de chemins de fer, soit les revenus d'une ville, ou même ceux d'un État. De plus, il réunit à l'avantage d'un revenu fixe et assuré, la perspective d'un accroissement de capital provenant de la prime de remboursement.

La prime de remboursement est la différence entre le prix d'émission, ou le prix d'achat, et le chiffre auquel le titre doit être remboursé.

Un exemple précisera le but que je me propose dans cette étude.

Supposons qu'il s'agisse d'une obligation produisant 15 fr. d'intérêt et remboursable à 500 fr. dans un délai de 99 années; celui qui la paye 300 fr. a donc un intérêt de 5 p. 100 de son capital, de plus, il court la chance d'être remboursé à 500 fr. dans un avenir prochain, c'est-à-dire de toucher une prime de 200 fr. Indépendamment

1

du revenu fixe de son capital d'achat, il a donc un véritable billet de loterie de 200 fr., billet appelé à sortir de l'urne à l'un ou à l'autre des 99 tirages de l'amortissement.

Quelle est la valeur actuelle de ce billet de loterie? quel est l'escompte de cette promesse de 200 fr. payable à une échéance indéterminée, échéance qui ne peut dépasser cependant la limite extrême de 99 ans?

Telle est la question que je me propose de résoudre d'une manière générale; sa solution nous conduira à d'autres problèmes concernant l'appréciation mathématique des conditions d'amortissement des obligations.

Pour venir en aide aux lecteurs peu familiarisés ou brouillés avec le calcul, j'ai reporté dans les notes de la seconde partie tout ce qui n'est pas indispensable à l'intelligence et à l'emploi des tables qui font l'objet principal de ce travail.

### 2° Du taux réel et du taux nominal d'une obligation.

Dans un emprunt par obligations il faut considérer le *taux réel* et le *taux nominal*.

Le taux réel dépend du chiffre du revenu annuel et du prix coûtant de l'obligation. Ce taux soumis à toutes les fluctuations des prix est donc essentiellement variable. Nous verrons bientôt que, pour un prix d'achat donné, il peut avoir deux valeurs, selon que l'on tient compte de la valeur vénale des chances de l'amortissement ou selon qu'on la néglige.

Le taux nominal, lui, est invariable, c'est le quotient du chiffre du revenu, par le chiffre auquel l'obligation doit être remboursée.

Relativement à leur taux nominal, on peut classer en quatre catégories les 12 à 13 millions d'obligations négociables à la bourse de Paris.

La *première*, comprenant plus de 12 millions et demi de titres, est formée par les obligations dites 3 p. 100 donnant 15 fr. d'intérêt et remboursables à 500 fr.; leur taux nominal est

$$\frac{15}{500} = 0,03, \text{ ou } 3\,\%.$$

La *deuxième catégorie*, composée en majeure partie des anciens emprunts de nos compagnies de chemins de fer, renferme des obligations produisant 20 fr., 25 fr. et 50 fr. d'intérêt; elles sont remboursables à 500, 625 et 1250 fr. : leur taux nominal est

$$\frac{20}{500} = \frac{25}{625} = \frac{50}{1250} = 0,04, \text{ ou } 4\,\%.$$

*Troisième catégorie*. La compagnie de l'Est est la seule qui se soit placée en dehors de ces traditions, en émettant des obligations remboursables à 650 fr. dont le revenu annuel est de 25 fr. ; leur taux nominal est

$$\frac{25}{650} = 0,03846154.$$

Plusieurs obligations de ces deux dernières catégories ont été improprement désignées sous la dénomination d'obligations 5 p. 100. Cela tient à ce que les compagnies comptaient la prime en dehors du capital nominal; pour elles, l'obligation était créée au capital nominal de 1000 fr. par exemple, rapportant 5 p. 100, soit 50 fr. d'intérêt, et remboursable à 1250 fr., dont 250 francs de prime.

Nous laisserons de côté ces distinctions plus subtiles que sérieuses et abandonnées aujourd'hui par toutes les compagnies. Il est pour ainsi dire de règle maintenant, de prendre la prime en dedans du capital nominal, c'est-à-dire que l'on crée, par exemple, des obligations de 500 fr. rapportant 3 p. 100 d'intérêt, mais on les émet à un prix inférieur au pair, qui représente du 5, du 5 et demi ou du 6 p. 100.

*Quatrième catégorie.* Deux entreprises industrielles ont obtenu la cote à la bourse d'obligations remboursables à 500 fr. et rapportant 25 fr. d'intérêt; leur taux nominal est

$$\frac{25}{500} = 0,05, \text{ ou } 5\,\%.$$

*Voir le tableau A.*

### 3° **Loi d'amortissement des obligations remboursables par annuités constantes.**

Toutes les entreprises publiques qui ont contracté des emprunts par obligations, ont adopté, pour l'amortissement de leur dette, le principe des annuités constantes, présentant l'avantage d'une égale répartition des charges d'un emprunt sur chacune des années de l'amortissement.

L'annuité, qu'il est facile de calculer, sert :

1° A payer l'intérêt fixe et invariable de chaque obligation ;

2° A amortir chaque année une partie du capital emprunté, en remboursant, au prix convenu, un certain nombre d'obligations désignées par le sort.

En conséquence, des tableaux d'amortissement sont dressés à l'avance pour indiquer combien de titres devront sortir chaque année.

A l'inspection de ces tableaux, inscrits en général au dos de chaque titre, on peut faire les remarques suivantes :

1° La somme consacrée annuellement au service de l'emprunt, c'est-à-dire l'annuité, est à très-peu de chose près constante.

2° Cette annuité solde les intérêts des obligations non amorties et rembourse un certain nombre d'obligations.

3° Le chiffre consacré au service de l'intérêt va en diminuant, tandis que la somme réservée pour l'amortissement s'accroît avec le nombre des années.

Le calcul fait voir, en effet (*), que les nombres d'obligations à amortir tous les ans doivent former une progression géométrique dont la raison est l'unité augmentée du taux nominal, et, que le nombre des termes de cette progression est le même que celui des annuités : leur somme du reste doit être égale au nombre d'obligations émises.

On calculera facilement une semblable progression ; mais on comprend que les termes donnés par le calcul seront la plupart du temps des nombres fractionnaires : or, comme il y a nécessité ici de n'amortir que des nombres entiers d'obligations, on cherchera une succession de termes qui s'éloigne aussi peu que possible de la progression calculée, en ayant soin surtout, que la somme de ces termes soit précisément égale au nombre d'obligations de l'emprunt.

Ces légers écarts seront la cause de la non-égalité parfaite entre les annuités; mais les différences sont si peu importantes, en comparaison du chiffre même de l'annuité, qu'elles ne nuisent en rien aux considérations théoriques qui seront développées plus loin.

La loi d'amortissement, véritable loi de mortalité des obligations, est donc celle-ci : *Les nombres d'obligations amorties chaque année sont entre eux dans un rapport constant, qui est le même pour toutes les obligations de même taux nominal.* Il nous sera donc possible de comprendre toutes les obligations de même taux nominal dans un même calcul.

#### 4° **De la valeur moyenne d'une prime d'obligation remboursable par annuités.**

Pour ramener la question à sa plus simple expression, nous supposons qu'un seul capitaliste souscrive toutes les obligations d'un emprunt. Pour ce capitaliste rien n'est livré au hasard, les chances de la loterie se changent en certitudes; tous les ans, il lui sera remboursé un nombre déterminé d'obligations à un prix supérieur au prix d'émission. Cette espérance des remboursements annuels constitue un bénéfice qui, comme toute promesse de payement, peut s'escompter, c'est-à-dire être ramené à sa valeur actuelle. Si donc on escompte à un taux donné la somme à recevoir en prime dans un an, la somme à recevoir

---

(*) Voir la note II, p. 39.

dans deux ans, et ainsi de suite jusqu'au dernier remboursement, et que l'on fasse la somme de tous ces escomptes partiels, on aura l'escompte du bénéfice total recueilli par le souscripteur unique de l'emprunt (escompte calculé au taux donné).

Si le souscripteur dont il est question veut se rendre compte du bénéfice moyen que lui procure une obligation, il raisonnera ainsi : « Si cent mille obligations me procurent par « leur remboursement avec prime un bénéfice dont l'escompte à 5 p. 100 vaut aujour- « d'hui 1,500,000 fr., chaque obligation me représente un bénéfice moyen de 15 fr. » .

« Or, comme tous les numéros d'obligations sont appelés indistinctement à jouir des « bénéfices des tirages, la probabilité de sortir est la même pour chacun d'eux, et le prix « le plus équitable que je dois attacher à l'espérance du remboursement d'une obligation « est précisément cette valeur moyenne de 15 fr. »

Si l'on remplace le souscripteur unique par le public, il n'y aura rien à changer au raisonnement précédent; et le public devra attribuer à l'espérance du remboursement, attachée à un numéro quelconque d'obligation, la valeur moyenne du bénéfice constitué à la totalité des titres.

Ici nous ferons une remarque, c'est que nous sommes conduits à estimer l'espérance du remboursement comme nous estimons la valeur d'un billet de loterie, en divisant le lot à gagner par le nombre de numéros admis au tirage. Mais il y a une différence essentielle entre une loterie ordinaire et les tirages annuels d'un amortissement d'obligations : dans le premier cas, le sort désigne un ou plusieurs numéros gagnants, et les autres perdent immédiatement toute espèce de valeur; tandis que, dans le second cas, le tirage n'enlève pas toute valeur à l'espérance de la prime d'une obligation non sortie ; le sort n'intervient ici que pour désigner l'époque du remboursement de chaque numéro, tous les numéros étant appelés infailliblement à sortir de l'urne un jour ou l'autre.

C'est cette certitude d'un remboursement futur qui nous oblige à introduire un élément négligé dans les loteries; cet élément est le taux de l'escompte servant à fixer la valeur des différentes échéances (*).

Nous avons vu, dans le paragraphe précédent, que toutes les obligations de même taux nominal ont la même loi d'amortissement (de mortalité, si l'on veut); le calcul de la note III démontre que : *la valeur de la prime ne dépend ni du nombre d'obligations émises ni de celui d'obligations déjà remboursées.* Cette valeur, la veille d'un tirage, par exemple, *dépend uniquement du taux de l'escompte et du nombre d'annuités restant à solder pour*

(*) *Deuxième remarque,* p. 32.

*compléter l'amortissement*, quel que soit d'ailleurs le nombre d'annuités précédemment remboursées au public.

Il résulte de là qu'un seul tableau contiendra tout ce qui est relatif aux obligations de même taux nominal.

Nous découvrons encore ici une analogie entre la valeur moyenne d'une prime de remboursement payable à une échéance indéterminée, mais comprise dans les limites de l'amortissement, et l'escompte d'une promesse de payement à échéance fixe : les valeurs actuelles de ces deux promesses, à un taux donné, dépendent seulement de la durée de l'attente du remboursement certain. La valeur moyenne tient donc compte du double caractère que présente une prime comme billet de loterie, devant certainement un jour ou l'autre devenir un billet gagnant.

---

## OBLIGATIONS TROIS POUR CENT

### 1° **Explication de la table I.**

Les obligations 3 p. 100 négociables à la bourse de Paris représentent un capital dix fois plus considérable que toutes les autres obligations prises ensemble, en y comprenant même les obligations du Trésor (dites trentenaires). De plus, leur nombre s'accroît tous les jours par les nouvelles émissions qui se font exclusivement au taux nominal de 3 p. 100. Aussi ai-je donné un grand développement à la table qui les concerne.

La table I donne les valeurs moyennes, *la veille du tirage*, à différents taux, d'une prime de 100 *francs* d'une obligation 3 p. 100 amortissable en un nombre d'années compris entre 1 et 100. Cette table contient cent colonnes portant les titres : $n = 1$, $n = 2$, et ainsi de suite jusqu'à $n = 100$, qui expriment le nombre d'annuités de l'emprunt, ou celui des annuités restant à solder pour en compléter l'amortissement. Chaque colonne renferme trente et un nombres indiquant la valeur moyenne de la prime aux différents taux inscrits sur la même ligne horizontale ; ces taux varient entre eux de $\frac{1}{10}$ p. 100 et sont compris entre 4 et 7 p. 100.

### 2° **Observations générales sur la table I.**

*Première remarque* : Les escomptes sont calculés pour la veille des tirages, en supposant que *le remboursement est effectué aussitôt après le tirage* ; mais, généralement, ce remboursement n'a lieu que six mois plus tard. Quand on voudra tenir compte de la petite différence apportée par ce délai à la valeur moyenne donnée par les tables, il faudra l'escompter comme si le tirage était reculé de six mois (délai habituel du remboursement). Le lecteur verra plus loin un exemple de ce calcul (*).

*Deuxième remarque.* Dans un amortissement par annuités, on rembourse la dernière année toutes les obligations qui ne sont pas sorties au dernier tirage (celui qui a eu lieu l'année précédente). Il n'y a donc plus de chances aléatoires; chaque titre, au contraire, devant être remboursé, devient un véritable billet à ordre qui, la veille du payement, vaut la somme à toucher le lendemain. Donc, la prime de 100 fr. la veille du remboursement de la dernière annuité vaut 100 fr. Tous les nombres de la colonne ($n = 1$) sont donc égaux entre eux, quel que soit le taux de l'escompte, et égaux à 100 fr. La colonne ($n = 2$) donne la valeur moyenne d'une prime de 100 fr. qui n'a plus que deux annuités à courir, c'est-à-dire la veille du dernier tirage. Ce dernier tirage partage les obligations en deux séries : la première qui doit être remboursée de suite (**), la seconde qui le sera dans un an. La prime de 100 francs d'une obligation de la $1^{re}$ série vaut 100 fr.; la même prime d'une obligation de la $2^e$ série vaut l'escompte de 100 fr. payables dans un an. Donc la valeur moyenne de la prime de 100 francs, la veille du tirage de l'avant-dernière annuité, sera comprise entre 100 fr., et l'escompte de 100 fr. payables dans un an.

Les colonnes ($n = 3$), ($n = 4$) et ($n = 100$) renferment des résultats analogues à ceux de la colonne ($n = 2$).

On remarquera que la valeur moyenne de la prime de 100 fr. décroît rapidement lorsque le nombre d'annuités augmente : cela se comprend; d'abord la fraction de l'emprunt (ou la fraction des obligations non amorties) remboursée chaque année est d'autant plus petite que le nombre d'annuités de l'emprunt (ou le nombre d'annuités restant à courir) est plus considérable; ensuite les promesses de remboursement ont une valeur d'autant plus faible que les échéances sont plus éloignées.

Dans une colonne quelconque, la valeur de la prime est d'autant moindre que le taux de l'escompte est plus élevé.

Enfin on remarque que l'influence du taux sur l'escompte de la prime diminue quand le nombre d'annuités augmente, c'est-à-dire que la dépréciation augmente moins avec le taux lorsqu'il y a un nombre considérable d'annuités, que lorsqu'il en reste peu à solder ; ici encore le calcul confirme le simple raisonnement qui dit que moins on a de chances de recueillir un bénéfice, moins il importe d'adopter tel ou tel taux pour en préciser la valeur.

(*) *Troisième problème*, p. 9.
(**) D'après notre supposition, voir la *remarque précédente*.

PREMIER PROBLÈME

Trouver la valeur moyenne d'une prime de 100 fr., d'une obligation 3 p. 100, escomptée la veille du tirage à un taux donné, lorsque l'obligation est remboursable en $n$ annuités ou, ce qui revient au même, lorsqu'il reste $n$ annuités pour le complet amortissement de l'emprunt dont elle fait partie.

Il peut se présenter trois cas :

1° Le taux donné sera un de ceux de la table I ;

2° Le taux sera compris entre 4 et 7 p. 100 sans être un de ceux de la table I ;

3° Il sera plus faible que 4 ou plus fort que 7 p. 100.

Pour ce dernier cas voir le calcul de la page 46.

1ᵉʳ Cas. Escompte à $5\frac{1}{2}$ p. 100 de la prime de 100 fr. d'une obligation 3 p. 100 remboursable en 92 annuités.

On trouve, table I, colonne $(n = 92)$ sur la ligne 5,5, le nombre $7^f,950$ qui donne la valeur cherchée.

2ᵉ Cas. Escompte de la même prime, dans les mêmes conditions d'amortissement, mais au taux de $5\frac{3}{8}$ p. 100 ou 5,375 p. 100. On trouve dans la même colonne vis-à-vis de

$$5,3\ldots\ldots\ldots\ldots 8^f,422$$

et vis-à-vis de

$$5,4\ldots\ldots\ldots\ldots 8^f,180$$

Donc, pour une augmentation de $\frac{1}{10}$ p. 100 dans le taux, l'escompte de la prime diminue de $0^f,242$. Les taux des escomptes de la table I sont assez rapprochés l'un de l'autre pour que l'on puisse faire le raisonnement suivant : pour une augmentation 100 fois plus petite, c'est-à-dire de 0,001 p. 100 dans le taux, on aurait une diminution 100 fois plus petite ou de $0^f,00242$; donc l'augmentation de 0,075 p. 100 donnera une diminution égale au produit de

$$0^f,00242 \times 75 = 0^f,1815 \quad \text{ou} \quad 0^f,182$$

(en ne conservant que 3 décimales, et en forçant le dernier chiffre lorsque la décimale suivante est 5 ou plus grande que 5).

L'escompte à 5,375 p. 100 d'une prime de 100 fr. amortissable en 92 annuités est donc de

$$8^f,422 - 0^f,182 = 8^f,240.$$

### DEUXIÈME PROBLÈME

Quelle est la valeur moyenne d'une prime de 220 fr. 15 c. d'une obligation 3 p. 100 escomptée la veille du tirage, lorsqu'il reste 92 annuités à solder pour compléter l'amortissement ; le taux de l'escompte étant 5,36 p. 100 ?

On trouverait, d'après ce qui précède, que l'escompte d'une prime de 100 fr. au taux de 5,36 p. 100 est de $8^f,277$ ; la prime de $220^f,15$ vaudra donc :

$$2,2015 \times 8^f,277 = 18^f,22$$

(en négligeant les fractions de centimes).

### TROISIÈME PROBLÈME

On demande la valeur actuelle de la prime de remboursement d'une obligation escomptée à une autre époque que la veille du tirage ?

Supposons qu'il s'agisse de la prime dont la valeur à 5,36 p. 100, calculée dans l'exemple précédent, est de $18^f,22$ la veille du tirage.

Si ce tirage n'a lieu qu'au bout d'un certain nombre de mois, la valeur actuelle de cette prime sera l'escompte à 5,36 p. 100 de $18^f,22$ payables au bout du même nombre de mois.

*Remarque.* Ce principe est applicable à l'escompte des primes des obligations de tous les taux nominaux.

Pour faciliter le calcul, j'ai construit deux tables à l'aide desquelles on pourra calculer cet escompte avec une approximation suffisante.

La table X donne la valeur actuelle de *un franc* payable au bout d'un nombre entier de mois, à tous les taux compris entre 4 et 7 p. 100 inclusivement, et variant entre eux de $\frac{1}{10}$ p. 100.

La table XI donne l'escompte de *un franc* aux taux ci-dessus, payable dans un nombre entier d'années, compris entre *un* et *six* seulement, car les compagnies ne laissent jamais un plus long délai entre la date de l'émission de l'emprunt et l'époque du premier tirage de l'amortissement.

Les tables X et XI serviront du reste à escompter toute somme payable dans un délai n'excédant pas sept ans, et se composant d'un nombre entier de mois.

Le délai pouvant se composer d'un nombre entier ou fractionnaire d'années, nous aurons à considérer trois cas.

1$^{er}$ Cas : Le tirage aura lieu dans une fraction d'année, exprimée par un nombre entier de mois.

*Exemple*. On demande la valeur moyenne à 5,36 p. 100 d'une prime d'obligation 3 p. 100 de 220$^f$,15 remboursable en 92 annuités; le premier tirage ayant lieu dans 5 mois.

Nous avons trouvé plus haut que cette prime vaut 18 fr. 22 c. la veille du tirage, lorsqu'il reste 89 annuités à solder.

5 mois avant cette époque elle vaudra l'escompte à 5,39 p. 100 de 18$^f$,22 payables dans 5 mois.

On trouve table X (colonne 5 mois, ligne 5,3) que 1 fr. vaut, 5 mois avant l'échéance,

$$
\begin{array}{ll}
\text{à } 5,3\,\%\dots\dots\dots & 0^f,979 \\
\text{et à } 5,4\,\%\dots\dots\dots & 0^f,978 \\
\hline
\text{Différence pour } 0,1\,\%\dots & 0^f,001
\end{array}
$$

Pour 0,06 % la différence sera 0$^f$,0006, ou 0$^f$,001

Donc la valeur de 1 franc payable dans 5 mois et à 5,36 p. 100, est de 0$^f$,979 — 0$^f$,001 = 0$^f$,978; d'où la valeur de la prime ci-dessus est de 18,22 × 0$^f$,978, ou en mettant en évidence les trois facteurs de cette prime P :

$$ P = 2,2015 \times 8^f,277 \times 0,978 = 17^f,82. $$

2$^e$ Cas : Les tirages commencent dans un nombre entier d'années.

*Exemple*. Considérons la même prime, le tirage ayant lieu dans 3 ans.

La veille du tirage, elle vaudra 18$^f$,22 = 2,2015 × 8$^f$,277.

Aujourd'hui elle vaut l'escompte à 5,36 p. 100 de 18$^f$,22 payables dans 3 ans.

La table XI donne (colonne 3, lignes 5,3 et 5,4 p. 100) les valeurs de 1 fr.,

$$
\begin{array}{ll}
\text{à } \quad 5,3\,\% = 0^f,856 \\
\text{et à } \quad 5,4\,\% = 0^f,854 \\
\hline
\end{array}
$$

Différence pour.......... 0,1 % = 0$^f$,002
  —     pour.......... 0,6 % = 0$^f$,001
La valeur de 1 fr. à...... 5,36 % = 0$^f$,856 — 0$^f$,001 = 0$^f$,855

et la valeur actuelle de la prime sera, en mettant en évidence tous les facteurs du produit:

$$ P' = 2,2015 \times 8^f,277 \times 0,855 = 15^f,58. $$

3$^e$ Cas : Les tirages commencent dans un nombre fractionnaire d'années.

*Exemple*. Considérons encore la prime ci-dessus et cherchons sa valeur actuelle, en admettant que le tirage ait lieu dans 3 ans et 5 mois.

La valeur cherchée sera l'escompte à 5 mois, de l'escompte à 3 ans, de la valeur de la prime, la veille du tirage.

Si nous conservons les mêmes données on voit qu'elle sera :

$$P'' = 2,2015 \times 8^f,277 \times 0,855 \times 0,978 = 15^f,24.$$

*Résumé.* La prime de $220^f,15$ d'une obligation 3 p. 100 vaut :

| | |
|---|---|
| La veille du tirage de l'annuité, n° 89.. | $18^f,22$ |
| 5 mois avant le tirage................ | $17,82$ |
| 3 ans avant le tirage................. | $15,58$ |
| 3 ans 5 mois avant le tirage........... | $15,24$ |

### QUATRIÈME PROBLÈME

Quelle est la valeur *à tant pour cent*, la veille du tirage, d'une obligation 3 p. 100, remboursable en 92 annuités, en tenant compte de la valeur moyenne de la prime.

Il pourra se présenter deux cas :

1° Le taux sera compris dans les limites des taux calculés de la table I ;

2° Le taux sera en dehors de ces limites.

Dans ce dernier cas on calculera l'escompte de la prime directement, en appliquant la formule générale comme dans l'exemple de la page 46, 2° partie.

1er Cas. Soit 5,36 p. 100 le taux proposé.

*Solution.* Le capital qui, placé à 5,36 p. 100 donne 15 fr. d'intérêt annuel s'obtient en divisant 15 par 0,0536; le quotient est de 279 fr. 85 c.

La prime de remboursement, résultant de la différence entre le capital de remboursement et la capitalisation du revenu, sera :

$$500^f - 279^f,85 = 220^f,15.$$

L'escompte de cette prime à 5,36 p. 100, la veille du tirage, est :

$$2,2015 \times 8^f,277 = 18^f,22. \qquad (2^e \text{ prob., p. 9.})$$

La valeur totale de l'obligation est la somme de ces deux quantités :

$$279^f,85 + 18^f,22 = 298^f,07.$$

Le capitaliste, ou l'établissement financier, qui souscrirait toutes les obligations d'un emprunt dans ces conditions, au prix moyen de $298^f,07$, placerait ses capitaux à 5,36 p. 100 par an.

De même, la compagnie de chemin de fer qui émettrait, la veille du tirage, un emprunt à ce prix moyen de 298 fr. 07 c. ferait un emprunt à 5,36 p. 100 l'an.

### CINQUIÈME PROBLÈME

Quelle est la valeur à 5,36 p. 100, en tenant compte de la prime de remboursement, d'une obligation 3 p. 100 remboursable à 500 fr. en 92 annuités, les tirages ne devant commencer qu'au bout d'un certain temps?

Le calcul ne diffère du précédent que par la manière de calculer l'escompte de la prime, car la capitalisation du revenu à 5,36 p. 100 sera la même que celle que nous venons de déterminer : 279 fr. 85 c.

Prenons comme exemple les trois cas étudiés au troisième Problème ; nous verrons que la valeur de l'obligation ci-dessus sera à 5,36 p. 100 :

$$
\begin{aligned}
&1°\ 5 \text{ mois avant le tirage} \dots\dots\dots\dots & 279^{f},85 + 17^{f},82 &= 297^{f},67 \\
&2°\ 3 \text{ ans avant le tirage} \dots\dots\dots\dots & 279,85 + 15,58 &= 295,53 \\
&3°\ 3 \text{ ans } 5 \text{ mois avant le tirage} \dots\dots & 279,85 + 15,24 &= 295,09 \\
&\text{Tandis qu'elle vaut la veille du tirage} \dots & 279,85 + 18,22 &= 298,07
\end{aligned}
$$

### SIXIÈME PROBLÈME

Quel est le taux réel, en tenant compte de la prime de remboursement, d'un emprunt contracté ou souscrit par obligations émises *à tel prix*, rapportant un intérêt donné et remboursable en un certain nombre d'annuités?

Ce problème, envisagé dans toute sa généralité, conduit à une équation d'un degré égal au nombre d'annuités de l'amortissement ; équation que l'on ne peut résoudre, dans la plupart des cas, que par des méthodes de tâtonnement.

Je proposerai la méthode suivante que je développerai mieux avec quelques exemples :

### *Premier exemple.*

Un capitaliste, ou un établissement financier, souscrit tous les titres d'un emprunt par obligations 3 p. 100, remboursables à 500 fr. en 92 annuités.

Le prix moyen d'une obligation, la veille du tirage, tous frais payés et déduction faite des intérêts courus jusqu'à ce jour, est de 297 fr. 50 c. ; on demande le taux réel auquel ce capitaliste, cet établissement financier, place son argent, en tenant compte de la prime de remboursement.

Le problème peut être ramené à celui-ci : Trouver deux nombres dont la somme soit égale à 297$^f$,50 (le prix d'achat) ; le premier de ces nombres étant la capitalisation, au taux inconnu, du revenu annuel de 15 fr. ; le second étant l'escompte, à ce même taux inconnu, de la prime de remboursement. Ces deux nombres peuvent être déterminés par approximations successives, de la manière suivante.

(J'ai disposé les résultats dans un tableau pour faire mieux saisir la marche des tâtonnements).

| OBLIGATION REMBOURSABLE EN 92 ANNUITÉS<br><br>—<br><br>TIRAGE IMMÉDIAT | APPROXIMATIONS SUCCESSIVES | | | |
| --- | --- | --- | --- | --- |
| | CAPITAL DE REMBOURSEMENT<br>500$^f$,00 | | ESCOMPTE<br>DE LA PRIME<br>aux<br>taux successifs. | TAUX<br>SUCCESSIFS |
| | CAPITALISATION<br>du<br>revenu de 15$^f$. | PRIME<br>de<br>remboursement. | | |
| | fr. | fr. | fr. | |
| Le capital d'achat est de........................ | 297 50 | | | |
| Le taux, sans tenir compte de la prime, est de $\frac{15}{297,50}$, | | | | |
| ou environ.................................. | » | » | » | 5 °/₀ |
| La première prime de remboursement est : | | | | |
| 500 f. — 297$^f$,50........................... $=$ | » | 202 50 | | |
| Son escompte à 5 °/₀, la veille du tirage, est (*) | | | | |
| 9$^f$,220 $\times$ 2,025............................. $=$ | » | » | 18 67 | |
| La première capitalisation approximative du revenu | | | | |
| de 15 fr., sera la différence entre le prix d'achat et | | | | |
| la valeur actuelle de la prime, ou : | | | | |
| 1$^{re}$ capitalisation $=$ 297$^f$,50 — 18$^f$,67,....... $=$ | 278 83 | | | |
| Le premier taux d'essai, en tenant compte de la prime, | | | | |
| est donc $= \frac{15}{278,83}$ ...................... $=$ | » | » | » | 5,38 °/₀ |
| La deuxième prime d'essai sera la différence entre le | | | | |
| prix de remboursement et la première capitalisa- | | | | |
| tion approximative, ou : | | | | |
| 2$^e$ prime $=$ 500 f. — 278$^f$,83................ $=$ | » | 221 17 | | |
| Son escompte vaut, à 5$^f$,38 °/₀ (*), 8$^f$,228 $\times$ 2,2117 $=$ | » | » | 18 20 | |
| 2$^e$ capitalisation d'essai $=$ 297$^f$,50 — 18$^f$,20.. $=$ | 279 30 | | | |
| 2$^e$ taux d'essai $= \frac{15}{279,30}$ ................ $=$ | » | » | » | 5,37 °/₀ |
| 3$^e$ prime $=$ 500 f. — 279$^f$,30................ $=$ | » | 220 70 | | |
| L'escompte de cette troisième prime, à 5,37 °/₀, vaut | | | | |
| 8$^f$,253 $\times$ 2,207........................... $=$ | » | » | 18 21 | |

(*) Voir le 2$^e$ problème, page 9.

Nous avons obtenu les deux nombres cherchés, car leur somme est égale au prix d'achat à un centime près :

$$279^f,30 + 18^f,21 = 297^f,51.$$

Du reste, en continuant à opérer comme nous venons de le faire, on trouverait toujours 5 37 p. 100 pour le taux et l'on retomberait sur les mêmes chiffres pour la capitalisation du revenu, la prime de remboursement et son escompte.

Donc 5,37 p. 100 est bien le taux cherché.

*Deuxième exemple.*

Une compagnie industrielle émet un emprunt en obligations 3 p. 100 au prix de 240 f. remboursables à 500 fr. dans un délai de 84 ans et à l'aide de 80 annuités, le premier tirage devant avoir lieu dans 4 ans. On demande le taux réel de l'emprunt, en tenant compte de la prime de remboursement ?

Ce problème ne diffère du précédent que par la manière d'obtenir l'escompte de la prime.

*Voir le tableau ci-contre.*

| OBLIGATION REMBOURSABLE EN 80 ANNUITÉS<br>—<br>PREMIER TIRAGE DANS 4 ANS | APPROXIMATIONS SUCCESSIVES | | | | |
| --- | --- | --- | --- | --- | --- |
| | CAPITAL DE REMBOURSEMENT 500f,00 | | ESCOMPTE DE LA PRIME | | TAUX SUCCESSIFS |
| | Capitalisation du revenu de 15 fr. | Prime de remboursement. | la veille du le tirage. | 4 ans avant le tirage. | |
| | fr. | fr. | fr. | fr. | |
| Le prix d'émission est de...................... | 240  » | | | | |
| Le taux, sans tenir compte de la prime, est de $\dfrac{15}{240}$ ................................... $=$ | » | » | » | » | 6,25 % |
| La prime de remboursement est de 500 f — 240 f $=$ | » | 260  » | | | |
| Cette prime, escomptée à 6,25 % la veille du tirage, vaut (*) $9^f,327 \times 2,6$............. $=$ | » | » | 24 25 | | |
| Mais 4 ans avant cette époque, elle vaut à 6,25 % l'escompte de $24^f,25$ payable dans 4 ans, ou (**) $24\,f,25 \times 0,785$...................... $=$ | » | » | » | 19 03 | |
| La 1re capitalisation approximative : $= 240\,f. — 19^f,03$...................., ...... $=$ | 220 97 | | | | |
| Le 1er taux approximatif $= \dfrac{15}{220,97}$ ......... $=$ | » | » | » | » | 6,79 % |
| La 2e prime d'essai $= 500\,f. — 220^f,97$...... $=$ | » | 279 03 | | | |
| Cette prime vaut à 6,79 % 4 ans avant le tirage (***) $2,7903 \times 8^f,281 \times 0,769$............... $=$ | » | » | » | 17 77 | |
| La 2e capitalisation approximative : $= 240\,f. — 17^f,77$..................... $=$ | 222 23 | | | | |
| Le 2e taux approximatif $= \dfrac{15}{222,23}$ .......... $=$ | » | » | » | » | 6,749 % |
| La 3e prime de remboursement : $= 500\,f. — 222^f,23$..................... $=$ | » | 277 77 | | | |
| Son escompte à 6,749 % 4 ans avant le tirage (***) sera $= 2,7777 \times 8^f,343 \times 0,770$.......... $=$ | » | » | » | 17 85 | |
| La 3e capitalisation approximative : $= 240\,f. — 17^f,85$..................... $=$ | 222 15 | | | | |
| Le 3e taux d'essai $= \dfrac{15}{222,15}$.............. $=$ | » | » | » | » | 6,752 % |
| La 4e prime de remboursement $=$ $= 500\,f. — 222^f,15.7$................... $=$ | » | 277 85 | | | |
| Son escompte à 6,752 % 4 ans avant le tirage $= 2^f,7785 \times 8,348 \times 0,77001$........... $=$ | » | » | » | 17 86 | |

(*) Voir le 2e problème, page 9.
(**) Voir le 3e problème (2e cas), page 10.
(***) En réunissant les deux opérations indiquées séparément plus haut. Voir le problème 3 (2e cas), page 10.

Le taux cherché est bien 6,752 p. 100, car la capitalisation du revenu de 15 fr. à ce taux donne 222$^f$,15 qui, ajoutés à l'escompte de la prime de 17$^f$,86 calculé au même taux, reproduit à un centime près le prix d'achat :

$$222^f,15 + 17^f,86 = 240^f,01.$$

Les deux exemples qui précèdent mettront le lecteur à même d'effectuer toutes les opérations de ce genre, en se rappelant qu'elles ne diffèrent que par la manière d'obtenir l'escompte de la prime. Or, les quatre cas qui peuvent se présenter sont développés dans les deuxième et troisième problèmes.

Le procédé de calcul par approximations successives nous conduit à faire les remarques suivantes :

Si une erreur se glissait dans une opération intermédiaire, il en résulterait une fausse valeur du taux approximatif correspondant, mais elle ne pourrait avoir aucune influence sur la valeur du taux définitif; elle augmenterait seulement le nombre des opérations de tâtonnement.

Cette manière d'opérer est sûre, et les taux approximatifs convergent d'autant plus rapidement vers le taux définitif, que l'on apporte plus d'attention aux opérations d'essai.

Observons cependant que la détermination de la première capitalisation approximative peut être rendue plus expéditive de la manière suivante :

Supposons qu'il s'agisse du premier exemple (p. 12) on dira : Le capital d'achat est de 297$^f$,50, le taux est d'environ 5 p. 100. La prime d'environ 200 fr. vaut à 5 p. 100 18$^f$,44, qui retranchés de 297$^f$,50 représentent la première capitalisation cherchée 279$^f$,06 ou en nombre rond 279 fr. Le premier taux approximatif sera : $\frac{15}{279} = 5,38$ p. 100.

En un mot, on pourra rendre ces opérations plus expéditives en prenant des nombres ronds, au début des opérations.

### Du taux moyen d'une obligation remboursable en tant d'annuités.

Les calculs précédents permettent de déterminer le taux réel d'un emprunt par obligations émises ou souscrites dans telles ou telles conditions.

Ce taux calculé est bien le taux réel auquel a emprunté la compagnie; c'est aussi le taux auquel un souscripteur unique aurait placé son argent. Car, dans ces deux cas, la chance des tirages n'a aucune influence; chaque annuité apportera son contingent de primes de remboursement.

Mais si au lieu de considérer la totalité des obligations d'un emprunt, on n'en considère qu'une partie; s'il s'agit d'un placement constitué sur un certain nombre d'obligations, le taux réel de ce placement, dépendant des chances aléatoires du tirage, ne peut être déterminé à l'avance.

Mais, on pourra se proposer de déterminer le taux moyen, c'est-à-dire le taux résultant de la valeur moyenne de l'obligation. Ce taux moyen doit être égal au taux réel, car on n'a aucune raison d'espérer que tel groupe donné d'obligations procurera, par les chances des tirages, un bénéfice supérieur plutôt qu'un bénéfice inférieur à la valeur moyenne de la prime de remboursement. Et, de même que, dans notre ignorance des événements futurs, nous acceptons la valeur moyenne de la prime de remboursement, comme étant celle qui tient compte rigoureusement de toutes les chances des tirages, de même nous adoptons le chiffre du taux réel pour celui du taux moyen. Ce chiffre étant la limite vers laquelle doit converger le taux réservé à chacun des groupes d'obligations dont se compose l'emprunt; notre estimation sera d'autant plus près de la vérité qu'elle s'adressera à une fraction plus considérable de l'emprunt, puisqu'elle est le chiffre exact du taux auquel cet emprunt est contracté.

OBLIGATIONS DIVERSES.

### Table II.

La table II donne les valeurs moyennes à 5 p. 100, la veille du tirage, d'une prime de 100 fr. des différentes obligations dont il va être question.

### Obligations de l'Est (*anciennes*).

Ces obligations émises par la compagnie de l'Est, de 1852 à 1854, donnent un revenu annuel de 25 francs, et sont remboursables à 650 fr.; leur taux nominal est donc de $\frac{25}{650} = 0,0384654\ldots$

### Obligations 4 p. 100.

Elles se divisent suivant le prix de remboursement en trois catégories :

1° Les obligations remboursables à 500 fr. et produisant 20 fr. d'intérêt; de ce nombre sont les obligations du trésor, dites Trentenaires;

2° Les obligations remboursables à 625 fr. rapportant 25 fr. d'intérêt;

3° Les obligations rapportant 50 fr. de revenu annuel et remboursables à 1250 fr.

3

### Obligations 5 p. 100.

Ces obligations rapportent 25 fr. d'intérêt et sont remboursables à 500 fr.

*Remarque.* Pour faire saisir d'un seul coup d'œil l'influence du taux nominal sur la valeur de la prime, j'ai compris dans la table II la valeur moyenne à 5 p. 100 d'une prime de 100 fr. d'une obligation 3 p. 100.

A l'inspection de cette table, on remarquera que la valeur de la prime de 100 fr. est égale à 100 fr. la veille du paiement de la-dernière annuité ; que cette valeur diminue rapidement avec le nombre des annuités ; enfin, que plus le taux nominal s'élève, plus la prime baisse de valeur.

### Calcul de la valeur moyenne à 5 p. 100, d'une prime donnée des obligations 4 et 5 p. 100, ainsi que des obligations anciennes de l'Est.

Ce calcul est entièrement semblable à celui qui a été développé pour les obligations 3 p. 100 dans les deuxième et troisième problèmes.

En voici cependant encore un exemple :

Quelle est la valeur à 5 p. 100 d'une prime de $152^f,50$ d'une obligation ancienne de l'Est, la veille du tirage de 1863 : c'est-à-dire lorsqu'il y a encore 87 annuités à solder ?

On trouve table II, ligne 87, que la prime de 100 fr. vaut $8^f,422$ ; donc la prime de $152^f,50$ vaudra :

$$1,525 \times 8^f,422 = 12^f,84.$$

Si l'on voulait trouver la valeur de cette prime à un autre taux que 5 p. 100, on la calculerait directement d'après la formule générale.

(Je donne un exemple numérique (page 46, 2ᵉ partie) (*) qui servira de guide pour tous les cas où le taux proposé serait en dehors des tables.)

### Calcul de la valeur à 5 p. 100, en tenant compte de la valeur moyenne de la prime de remboursement, des obligations du tableau A.

### Table III.

Ce calcul se fera comme celui du quatrième problème relatif aux obligations 3 p. 100.

(*) J'ai dû reporter ce calcul à la seconde partie, parce qu'il exige l'emploi des logarithmes.

Pour présenter d'un seul coup d'œil au lecteur un ensemble qui lui permette de comparer entre elles les différentes obligations, j'ai effectué les calculs de la table III.

Cette table contient autant de colonnes qu'il y a de prix de remboursement différents pour les obligations les plus répandues. Elle montre la valeur qu'acquiert successivement une obligation lorsqu'elle approche du terme de son amortissement.

On remarquera que les obligations 5 p. 100 remboursables à 500 fr. n'y sont pas comprises.

La raison en est toute simple :

La capitalisation à 5 p. 100 d'un revenu de 25 fr. est 500 fr., c'est-à-dire le capital nominal de l'obligation ; donc la prime de remboursement est nulle, et la valeur à 5 p. 100 d'une obligation de ce taux nominal est une valeur constante, égale au chiffre du remboursement.

Ce qui veut dire qu'à un taux égal au taux nominal, il n'y a aucun avantage à attendre du remboursement.

Le jour donc où on ne pourra plus placer son argent à un taux supérieur à 3 p. 100, toutes les obligations 3 p. 100 vaudront 500 fr., et par le fait même de l'abondance des capitaux, ou de la baisse de leur loyer, il n'y aura plus de bénéfice à recueillir de l'amortissement.

Si l'on demandait la valeur à un taux quelconque d'une obligation 4 p. 100, 5 p. 100 ou de l'Est, ou d'une obligation d'un autre taux nominal, pour lequel nous n'avons pas de tables semblables à la table I, il faudrait ajouter à la capitalisation du revenu, au taux donné, l'escompte au même taux, de la prime de remboursement (*).

**Du taux réel d'un emprunt contracté en obligations, d'un taux nominal quelconque, en tenant compte de la valeur moyenne de la prime de remboursement.**

Le gouvernement Turc vient d'émettre (20 avril 1863) par l'intermédiaire de la banque Impériale Ottomane, des obligations rapportant 30 fr. d'intérêt annuel, payables par moitié le 1ᵉʳ juillet et le 1ᵉʳ janvier, et remboursables à 500 fr. en 23 ans et demi, par tirages semestriels, dont le premier aura lieu en novembre 1863.

Ces obligations sont émises avec la jouissance des intérêts à partir du 1ᵉʳ janvier 1863 (le premier coupon d'intérêt de 15 fr. sera payé le 1ᵉʳ juillet de cette année).

(*) On trouvera un exemple numérique page 46.

En tenant compte du bénéfice de cette jouissance et des délais pour les versements, le prix réel de l'obligation se trouve ramené de 360 fr. (prix d'émission), à 342$^r$,54 donnant un revenu annuel de 8,76 p. 100 sans tenir compte de la prime de remboursement.

La notice concernant cet emprunt s'exprime ainsi :

« Le remboursement de l'obligation ayant lieu à 500 fr. en 23 ans et demi produit,
« sur le prix de l'émission, un bénéfice de 140 fr., qui représente une bonification
« supplémentaire de 1,89 p. 100 par an, ce qui donne un revenu effectif de 10,65
« p. 100. »

Je remplacerai ce paragraphe peu intelligible par celui-ci : le gouvernement Turc émet à 342 fr. 54 c. des obligations remboursables à 500 fr. en 23 ans et demi, par annuités constantes et par tirages semestriels. A quel taux emprunte-t-il ?

La solution de ce problème est tout à fait semblable à celle qui est exposée (page 12) et que j'ai développée en deux exemples numériques. Seulement ici, en l'absence de tables donnant la valeur moyenne de la prime, il y a nécessité de la calculer directement.

Le taux nominal des obligations ottomanes est $\frac{30}{500} = 0,06$, ou 6 p. 100.

1° La durée de l'amortissement est 23 ans et demi.

La troisième remarque de la note III (page 43) fait voir que la formule de la valeur moyenne est la même pour des tirages semestriels que pour des tirages annuels.

2° L'émission des obligations ottomanes datant de la fin d'avril, et le tirage ayant lieu en novembre, il doit s'écouler six mois avant le premier tirage.

3° Les remarques de la page 16 sur la méthode des approximations successives nous permettent de prendre un premier taux d'essai quelconque, soit 10 p. 100; ce qui supposerait le capital du revenu égal à 300 fr. et la prime de remboursement égale à 200 fr. (*Voir le tableau ci-contre.*)

| OBLIGATION REMBOURSABLE EN 23 ANS 1/2 — CAPITAL D'ACHAT $342^f,54$ — TIRAGE DANS SIX MOIS | APPROXIMATIONS SUCCESSIVES | | | |
|---|---|---|---|---|
| | CAPITAL DE REMBOURSEMENT $500^f,00$ | | ESCOMPTE DE LA PRIME aux taux successifs. | TAUX SUCCESSIFS. |
| | CAPITALISATION du revenu de 30f. | PRIME de remboursement. | | |
| | fr. | fr. | fr. | |
| 1<sup>re</sup> capitalisation approximative | 300 » | | | |
| 1<sup>er</sup> taux d'essai | » | » | » | 10,00 % |
| 1<sup>re</sup> prime d'essai | » | 200 » | | |
| Valeur moyenne de cette prime (*) : $x = \dfrac{200^f \times 0,06}{0,04} \left\{ \dfrac{1 - \left(\frac{1,06}{1,10}\right)^{23,5}}{(1,06)^{23,5} - 1} \right\} = $ | » | » | 59 46 | |
| Le 2<sup>e</sup> capital approximatif sera $C = 342^f,54 - 59^f,46 =$ | 283 08 | | | |
| Le 2<sup>e</sup> taux approximatif $= \dfrac{30}{283,08} =$ | » | » | » | 10,60 % |
| La 2<sup>e</sup> prime $= 500$ f. $- 283^f,08 =$ | » | 216 92 | | |
| Son escompte vaudra (**) : $x' = \dfrac{216^f,92 \times 0,06}{0,040} \left[ \dfrac{1 - \left(\frac{1,06}{1,106}\right)^{23,5}}{(1,06)^{23,5} - 1} \right] =$ | » | » | 60 84 | |
| 3<sup>e</sup> capital $C' = 342^f,54 - 60^f,84 =$ | 281 70 | | | |
| 3<sup>e</sup> taux approximatif $= \dfrac{30}{281,70} =$ | » | » | » | 10,65 % |
| 3<sup>e</sup> prime $= 500$ f. $- 281^f,70 =$ | » | 218 30 | | |
| Son escompte, à 10,65 %, est de : $x'' = \dfrac{218^f,30 \times 0,06}{0,0465} \left\{ \dfrac{1 - \left(\frac{1,06}{1,1065}\right)^{23,5}}{(1,06)^{23,5} - 1} \right\} =$ | » | » | 61 03 | |
| 4<sup>e</sup> capitalisation $= 342^f,54 - 61^f,03 =$ | 281 51 | | | |
| 4<sup>e</sup> taux $= \dfrac{30}{181,51} =$ | » | » | » | 10,6568 % |
| 4<sup>e</sup> prime $= 500$ f. $- 281^f,51 =$ | » | 218 49 | | |
| Son escompte, à 10,6568 %, est de : $x''' = \dfrac{218^f,49 \times 0,06}{0,046568} \left[ \dfrac{1 - \left(\frac{1,06}{1,106568}\right)^{23,5}}{(1,06)^{23,5} - 1} \right] =$ | » | » | 61 04 | |

(*) Voir le calcul numérique de la page 46.
(**) En appliquant la formule [8 *bis*] aux nouvelles données du taux et de la prime.

La valeur moyenne de la quatrième prime est égale, à un centime près, à celle de la troisième ; le taux cherché est donc de 10,6568 p. 100. Il est plus fort de 0,0068 p. 100 que le taux officiellement annoncé.

Je ferai remarquer qu'une différence de dix jours dans l'époque du tirage suffit pour amener une différence de près de *un centième pour cent* dans le taux de l'emprunt; et comme la date du tirage n'est pas fixée officiellement je n'ai pu faire le calcul rigoureux du taux cherché.

Néanmoins, le résultat ci-dessus prouve que la banque Impériale Ottomane estime scrupuleusement le taux de son emprunt.

*Observation sur le problème précédent.* Pour mettre le lecteur en garde contre une fausse interprétation des résultats fournis par le calcul précédent, et par tous ceux de la recherche du taux réel d'un emprunt par obligation, je ferai remarquer qu'il ne faut pas confondre ce taux réel, avec ce que l'on pourrait appeler le *taux amortissement compris :* celui-ci s'obtiendrait en divisant le chiffre de l'annuité par celui de la somme empruntée; le quotient serait d'autant plus grand que le nombre d'annuités serait plus petit, bien que le taux réel restât constant.

### De la valeur d'une prime de remboursement, le lendemain d'un tirage donné.

Nous avons vu, au début de ce travail, que la valeur d'une prime de remboursement ne dépend pas du nombre d'annuités précédemment remboursées, mais seulement du nombre d'annuités restant à solder; par conséquent, la valeur d'une prime, le lendemain du tirage, est la même que celle d'une prime qui a une annuité de moins à courir, mais payable dans un an.

*Exemple.* Soit une obligation de l'Ouest 3 p. 100 dont l'amortissement finit en 1951, on demande quelle est la valeur de la prime de remboursement de 200 fr. (ce qui suppose que l'on calcule la valeur moyenne de l'obligation à 5 p. 100) escomptée à 5 p. 100, le lendemain du tirage de 1863.

La veille du tirage de 1864 elle aura encore 88 annuités à courir; elle vaudra (table I, colonne 88, ligne 5 p. 100) :

$$10^f,297 \times 2 = 20^f,59.$$

Mais le lendemain du tirage de 1863, c'est-à-dire un an avant celui de 1864, elle ne vaudra que l'escompte de 20 fr. 59 c., à 5 p. 100 payables dans un an, ou

$$20^f,59 \times 0,952 = 19^f,61.$$

La veille du tirage de 1863, cette prime valait (table I, col. 89, ligne 5 p. 100) :

$$2 \times 10^f,017 = 20^f,03.$$

De la veille au lendemain du tirage de l'annuité N° 89, une prime de 200 fr. d'une obligation non sortie, subit donc une dépréciation qui, calculée à 5 p. 100, est de :

$$20^f,03 - 19^f,61 = 0^f,42.$$

### DE LA DÉCEPTION.

#### Tables IV et V.

J'appelle *déception* la différence entre les valeurs d'une obligation la veille et le lendemain du tirage.

La table IV, où j'ai pris pour exemple une obligation de l'Ouest 3 p. 100, rendra ces considérations familières au lecteur.

L'importance de la déception variera avec le taux de l'escompte, puisqu'elle est la différence entre des quantités (les valeurs moyennes de la prime de la veille et du lendemain du tirage) variant elles-mêmes avec le taux.

La table V met en évidence l'influence du taux sur la déception d'une prime de 100 fr. d'une obligation 3 p. 100.

Je n'ai pas construit de tables semblables pour les obligations 4 p. 100, 5 p. 100 et de l'Est; le lecteur étant à même de calculer la déception due à un tirage quelconque, au taux de 5 p. 100, d'après les tables II et III.

D'ailleurs mon but, en signalant cette particularité de l'appréciation mathématique des obligations, n'est pas d'en exagérer l'importance; la déception exprime seulement, en francs et centimes, les oscillations que chaque tirage fait éprouver à la marche ascendante de la valeur moyenne d'une obligation qui s'avance vers la limite de son amortissement.

Nous reviendrons plus loin sur ce sujet (*).

#### COMPARAISON DES OBLIGATIONS ENTRE ELLES.

J'ai déjà fait remarquer que les calculs basés sur la valeur moyenne de la prime ne peuvent donner l'appréciation rigoureuse de la quantité cherchée, qu'autant qu'il s'agit de la totalité des obligations.

Si un souscripteur doit admettre ces mêmes résultats, c'est qu'ils lui représentent une

(*) Espérance d'un seul tirage, p. 31.

limite qu'il a d'autant plus de chances d'atteindre, que le nombre d'obligations lui appartenant sera une fraction plus considérable de la totalité de l'emprunt.

Mais lorsqu'il s'agit de comparer des obligations entre elles, l'escompte de la prime reprend sa valeur d'appréciation rigoureuse, même pour une seule obligation, comme je vais le mettre en évidence dans les exemples ci-dessous.

**Comparaison, à un taux donné, d'obligations de même taux nominal, mais remboursables dans des limites différentes.**

La Compagnie du chemin de fer du Nord a émis des obligations 3 p. 100 dont l'amortissement sera terminé en 1926 ; elle en a émis d'autres dont la dernière annuité ne sera payée qu'en 1947 : les premières n'ont donc plus que 64 annuités à courir, tandis que les secondes en ont encore 85.

La veille du tirage de 1863 (qui a lieu en avril), la valeur à 5 p. 100 de chacune de ces obligations est (voir la table III) :

$$
\begin{array}{lr}
1^{\text{re}} \text{ catégorie} \dots\dots\dots\dots\dots\dots\dots & 339^\text{f},60 \\
2^\text{e} \text{ catégorie} \dots\dots\dots\dots\dots\dots\dots & 322\ ,37 \\
\hline
\text{Différence entre ces deux valeurs..} & 17^\text{f},23
\end{array}
$$

Les garanties offertes à chaque titre étant les mêmes, leur différence de prix devrait être égale à celle qui résulte des conditions différentes de l'amortissement.

Remarquons que cette différence de prix croîtra avec le taux de l'escompte. Elle serait égale à zéro pour un taux d'escompte égal au taux nominal (qui est ici de 3 p. 100). Ainsi, les cours actuels, devraient donner une différence de 15 à 18 francs entre les obligations de ces deux émissions, et cependant le public ne fait pas de distinction entre elles. Cela tient-il à son ignorance? ou au peu de cas qu'il fait des chances des tirages? cela tient-il aussi à ce que le conseil d'administration du chemin de fer du Nord ne veut pas que l'on cote séparément les titres des deux emprunts? Il y a sans doute un peu de toutes ces raisons dans ce défaut d'appréciation.

**Conversion d'une obligation d'un taux nominal donné, en une obligation d'un taux nominal différent.**

La Compagnie du chemin de l'Ouest a proposé, en juillet 1855, aux porteurs des obligations émises par les compagnies fusionnaires, des obligations de l'emprunt 1855, 3 p. 100 en échange de leurs titres 4 p. 100, aux conditions suivantes.

Les obligations de Versailles R. D. et de Saint-Germain, par exemple, dont l'amortissement devait être terminé à l'annuité payée en novembre 1893, furent acceptées pour la somme de 1000 fr. payable en obligations 3 p. 100 au cours de 290 fr. Or, l'amortissement de ces dernières doit finir seulement en 1951, et les tirages ne devaient commencer qu'en 1858.

Pour analyser cette opération de conversion, il faut d'abord chercher le taux réel de l'émission des obligations 3 p. 100 : on trouverait, par un calcul analogue à celui de la page 12, que le taux d'une obligation 3 p. 100 émise à 290 fr. remboursables en 94 annuités (les tirages ne commençant que dans 3 ans), est égal à 5,447 p. 100.

Calculons maintenant la valeur à 5,447 p. 100 d'une obligation 4 p. 100 remboursable en 39 annuités (les tirages ayant lieu dans 4 mois). On trouve :

1° Que le capital du revenu de 50 fr. est, à ce taux, de...................... 917$^f$,94

2° Que la prime de remboursement qui est de 1,250 f. — 917$^f$,94 = 332$^f$,06, escomptée à 5,447 % (4 mois avant le tirage), lorsqu'il reste 39 annuités à solder, vaut (*)............................................................ 103 ,95

La somme de ces deux nombres .................... = 1,021$^f$,89
La compagnie ne la reprenant que pour............. = 1,000 ,00

réalisait donc un bénéfice de.............................. 21$^f$,89

par obligation présentée à la conversion.

### Conversion en une rente perpétuelle, d'une obligation remboursable par annuités.

Les obligations trentenaires du Trésor ont été émises en 1861, au taux réel de 5,174 p. 100 (**) ; c'était donc comme si l'État avait émis du 3 p. 100, au cours de

$$\frac{3}{0,05174} = 57^f,98.$$

La conversion des trentenaires en 3 p. 100, opérée en février et mars 1862, fut faite aux conditions suivantes :

(*) Voir pour ce calcul, note IV, page 46.
(**) On détermine ce taux par un calcul analogue à celui de la page 21.

4

Le trésor donnait pour une obligation, une inscription de 20 fr. de rente 3 p. 100.

L'État ayant reçu en argent, pour cette obligation, la somme de 440 fr., c'était donc comme s'il émettait du 3 p. 100, au taux réel de

$$\frac{20}{440} = 0^f,04546$$

ou comme s'il émettait de la rente 3 p. 100 au cours de

$$\frac{3}{0,04546} = 66\ f.$$

La conversion était donc très-avantageuse pour le trésor, puisqu'il convertissait un emprunt souscrit à 5,174 p. 100, en un autre emprunt à 4,546 p. 100.

Ou ce qui revient au même, il rentrait pour chaque 3 fr. de rente, dans un capital de 8 fr. 02 c.

L'emprunt souscrit par l'État sous forme d'obligations trentenaires, présente une sécurité égale à celle dont jouit la rente 3 p. 100.

Lors de la conversion (février et mars 1862), le 3 p. 100 s'est élevé jusqu'à 71 fr.

On peut donc se demander ce qu'aurait dû valoir à la même époque et au même taux de $\frac{3}{71}$ une obligation trentenaire du Trésor.

On trouve que la capitalisation ou le prix de 20 fr. de rente 3 p. 100, au cours de 71 fr., est donnée par le nombre fractionnaire :

$$\frac{20 \times 71}{3} = 473^f,33.$$

Pour avoir la valeur totale de l'obligation, il s'agit d'ajouter à cette capitalisation, la valeur moyenne de la prime de remboursement calculée au même taux $\frac{3}{71} = 0,04225$.

Cette prime est de... 500 fr. — $473^f,33 = 26^f,67$.

La dernière annuité se payant en janvier 1889, en mars 1862, il restait 27 annuités à solder, et le premier tirage ne devait avoir lieu que dans dix mois.

La valeur moyenne de cette prime de remboursement se calculera comme dans l'exemple de la page 46 (2ᵉ partie); on la trouve égale à $13^f,79$.

La valeur totale de l'obligation est donc de

$$473^f,33 + 13^f,79 = 487^f,12.$$

*Remarque.* Dans les calculs de comparaison et de conversion d'obligations que j'ai pris pour exemples, j'ai laissé de côté, pour simplifier les opérations, deux éléments dont on saura tenir compte, s'il y a lieu.

Je veux parler de la différence qu'il peut y avoir dans les dates des échéances des revenus payés à chacun des titres entrant dans la conversion.

A cette modification toujours minime de la valeur du titre converti, pourra s'en ajouter une autre non moins petite; c'est celle qui résultera d'un fractionnement différent des arrérages pour les deux titres mis en présence (le revenu annuel pouvant être payé par semestre, par trimestre ou en une seule fois).

En mettant sous les yeux du lecteur les exemples précédents, mon but a été de faire ressortir l'influence de la prime de remboursement, et de montrer le parti que l'on peut tirer des tables, qui permettent d'en préciser la valeur, tout en rendant le problème le plus simple possible.

### OBLIGATIONS DE LA VILLE DE PARIS

Les administrations municipales de plusieurs de nos grandes villes ont eu recours à l'emprunt sous forme d'obligations ; elles ont adopté, en général, pour l'amortissement de leurs dettes, le principe des annuités constantes ; mais beaucoup d'entre elles ont ajouté à l'annuité déduite du capital nominal des obligations (*) une somme plus ou moins considérable, destinée à être distribuée sous forme de *lots* à un petit nombre des premiers numéros sortant à chacun des tirages.

Je ne me proposerai pas d'analyser ici les différentes combinaisons adoptées pour attirer les souscripteurs ; car, pour les traiter individuellement, il me faudrait dépasser de beaucoup les limites que je me suis imposées dans ce travail. Mais, dans le but de mettre le lecteur à même de se rendre compte des avantages qu'offre tel ou tel emprunt avec lots semestriels ou annuels, je vais prendre un exemple.

La ville de Paris a émis en 1860 (loi du 1er août) deux séries d'obligations 3 p. 100, jouissant des mêmes faveurs d'amortissement. Chaque série se compose de 143 809 obligations, rapportant 15 fr. d'intérêt annuel et remboursables par voie de tirages au sort, devant avoir lieu tous les six mois, du 1er février 1861 au 1er août 1897, c'est-à-dire en 74 annuités semestrielles (soit en 37 années). Chaque tirage appelle au remboursement à 500 fr. un certain nombre d'obligations, et donne droit aux lots suivants :

(*) Page 41.

*Tirage du* $1^{er}$ *février*. — Le $1^{er}$ numéro sortant gagne . . . . . . 100 000 fr.

—          Le $2^e$   —             —  . . . . . . 40 000

—          Le $3^e$   —             —  . . . . . . 10 000

—                  Somme des trois lots . . . . . . 150 000 fr.

Le *tirage du* $1^{er}$ *août* donne droit aux mêmes avantages.

La *prime de remboursement* des obligations de la ville de Paris (Émission de 1860) se calculera par les procédés et à l'aide des tables concernant les obligations 3 p. 100.

*Espérance des trois lots*. — En nous appuyant sur ce principe : que la valeur d'un billet de loterie est égale au quotient de la somme des lots à gagner par le nombre de billets contenus dans l'urne, nous trouverons l'espérance des trois lots à un tirage donné, en divisant 150 000 fr. par le nombre d'obligations participant au tirage, c'est-à-dire par le nombre d'obligations non amorties jusque-là.

Le nombre d'obligations, restant en circulation aux différentes époques de l'amortissement, s'obtiendra par des soustractions successives, quand on connaîtra : 1° le nombre total d'obligations émises ; 2° les nombres d'obligations amorties par chacun des tirages : ces derniers se déduiront de la formule trouvée dans la note 11, si l'on ne peut consulter le tableau figurant au dos de chaque titre.

*Remarque*. L'espérance des lots (*) aux différentes époques de l'amortissement, dépendant pour un emprunt donné, 1° du nombre de numéros restant à amortir, 2° de l'importance des lots à gagner ; on voit qu'il faudra pour chaque emprunt, faire un calcul spécial pour déterminer l'espérance des lots aux différents tirages.

Il n'est donc pas possible de comprendre dans un même calcul, l'espérance des lots d'emprunts différents, comme nous avons pu le faire pour la valeur moyenne de la prime de remboursement des obligations de même taux nominal. Mais le calcul de l'espérance d'un lot, la veille du tirage donné, est tellement simple, qu'il suffit de l'indiquer pour mettre le lecteur à même de l'effectuer.

Ainsi : cette espérance est, pour les obligations de la ville de Paris, une fraction ayant pour numérateur constant 150 000, et pour dénominateur les nombres que l'on obtiendrait en retranchant de 143 809 les nombres d'obligations successivement remboursées.

_____

(*) Voir page 21 ce qu'on entend par espérance mathématique.

## OBLIGATIONS DE LA VILLE DE PARIS (émission de 1860)

*Tableau de l'espérance des lots semestriels de 150 000 fr. ou valeur d'un numéro la veille de chacun des tirages de l'amortissement.*

| ANNUITÉS restant A SOLDER | TIRAGES | | ESPÉRANCE des TROIS LOTS (fr. c.) | ANNUITÉS restant A SOLDER | TIRAGES | | ESPÉRANCE des TROIS LOTS (fr. c.) | ANNUITÉS restant A SOLDER | TIRAGES | | ESPÉRANCE des TROIS LOTS (fr. c.) |
|---|---|---|---|---|---|---|---|---|---|---|---|
| 74 | 1861 | 1er. | 1 04 | 49 | 1873 | 2e. | 1 35 | 24 | 1886 | 1er. | 2 32 |
| 73 | 1861 | 2e. | 1 04 | 48 | 1874 | 1er. | 1 37 | 23 | 1886 | 2e. | 2 40 |
| 72 | 1862 | 1er. | 1 05 | 47 | 1874 | 2e. | 1 38 | 22 | 1887 | 1er. | 2 49 |
| 71 | 1862 | 2e. | 1 06 | 46 | 1875 | 1er. | 1 40 | 21 | 1887 | 2e. | 2 59 |
| 70 | 1863 | 1er. | 1 07 | 45 | 1875 | 2e. | 1 43 | 20 | 1888 | 1er. | 2 70 |
| 69 | 1863 | 2e. | 1 08 | 44 | 1876 | 1er. | 1 45 | 19 | 1888 | 2e. | 2 82 |
| 68 | 1864 | 1er. | 1 09 | 43 | 1876 | 2e. | 1 47 | 18 | 1889 | 1er. | 2 96 |
| 67 | 1864 | 2e. | 1 10 | 42 | 1877 | 1er. | 1 50 | 17 | 1889 | 2e. | 3 11 |
| 66 | 1865 | 1er. | 1 11 | 41 | 1877 | 2e. | 1 53 | 16 | 1890 | 1er. | 3 28 |
| 65 | 1865 | 2e. | 1 12 | 40 | 1878 | 1er. | 1 55 | 15 | 1890 | 2e. | 3 48 |
| 64 | 1866 | 1er. | 1 13 | 39 | 1878 | 2e. | 1 58 | 14 | 1891 | 1er. | 3 70 |
| 63 | 1866 | 2e. | 1 14 | 38 | 1879 | 1er. | 1 61 | 13 | 1891 | 2e. | 3 95 |
| 62 | 1867 | 1er. | 1 16 | 37 | 1879 | 2e. | 1 64 | 12 | 1892 | 1er. | 4 25 |
| 61 | 1867 | 2e. | 1 17 | 36 | 1880 | 1er. | 1 68 | 11 | 1892 | 2e. | 4 60 |
| 60 | 1868 | 1er. | 1 18 | 35 | 1880 | 2e. | 1 71 | 10 | 1893 | 1er. | 5 04 |
| 59 | 1868 | 2e. | 1 19 | 34 | 1881 | 1er. | 1 75 | 9 | 1893 | 2e. | 5 55 |
| 58 | 1869 | 1er. | 1 20 | 33 | 1881 | 2e. | 1 79 | 8 | 1894 | 1er. | 6 20 |
| 57 | 1869 | 2e. | 1 22 | 32 | 1882 | 1er. | 1 83 | 7 | 1894 | 2e. | 7 04 |
| 56 | 1870 | 1er. | 1 23 | 31 | 1882 | 2e. | 1 88 | 6 | 1895 | 1er. | 8 15 |
| 55 | 1870 | 2e. | 1 25 | 30 | 1883 | 1er. | 1 93 | 5 | 1895 | 2e. | 9 71 |
| 54 | 1871 | 1er. | 1 26 | 29 | 1883 | 2e. | 1 99 | 4 | 1896 | 1er. | 12 05 |
| 53 | 1871 | 2e. | 1 28 | 28 | 1884 | 1er. | 2 04 | 3 | 1896 | 2e. | 15 95 |
| 52 | 1872 | 1er. | 1 29 | 27 | 1884 | 2e. | 2 10 | 2 | 1897 | 1er. | 23 74 |
| 51 | 1872 | 2e. | 1 31 | 26 | 1885 | 1er. | 2 17 | 1 | 1897 | 2e. | 47 13 |
| 50 | 1873 | 1er. | 1 33 | 25 | 1885 | 2e. | 2 24 | | | | |

Pour calculer le *taux réel* d'un emprunt par obligations avec lots, on remarquera qu'il faut tenir compte non-seulement de la valeur moyenne de la prime de remboursement, mais aussi de l'escompte des lots payés à chaque tirage.

On pourra déterminer le taux réel par approximations successives, et, comme vérification, il faudra qu'en capitalisant le revenu à ce taux, et en escomptant au même taux la prime et les lots, on obtienne trois sommes qui, ajoutées ensemble, reproduisent le prix d'émission de l'obligation.

On pourra encore calculer le taux réel, en envisageant le problème dans toute sa généralité, en appliquant les méthodes connues, pour la solution de la question suivante : A quel taux est contracté un emprunt d'un capital donné, dont l'amortissement doit se faire à l'aide d'un nombre connu d'annuités, chacune d'elles étant de tant de francs ?

Remarquons que le capital emprunté est le produit du nombre d'obligations par le chiffre auquel elles ont été émises.

Quant au chiffre de l'annuité, il s'obtient, dans le cas où il y a des lots, en ajoutant la somme des lots à l'annuité mathématique, que l'on calcule comme il est indiqué (note III).

### OBLIGATIONS DU CRÉDIT FONCIER.

Le crédit foncier a émis et émet tous les jours des obligations qui, d'après les cours actuels, présentent une prime de remboursement. De plus, quatre tirages de lots considérables, dont la somme annuelle s'élève à 800 000 fr., constituent aussi, au bénéfice de ces titres, une espèce de loterie.

Il serait intéressant, sans doute, de pouvoir préciser par le calcul : 1° la valeur de la prime de remboursement ; 2° la valeur du billet de loterie de ces obligations privilégiées.

Mais les obligations foncières échappent aux prévisions du calcul, comme le montre l'article 82 des statuts du crédit foncier qui est ainsi conçu :

« Les obligations foncières sont créées sans époque fixe d'exigibilité du capital.

« Elles sont appelées au remboursement par la voie du tirage au sort.

« Chaque remboursement comprend le nombre d'obligations nécessaires pour opérer « un amortissement tel que les obligations restant en circulation n'excèdent jamais les « capitaux restant dus sur les prêts hypothécaires. »

Les nombres d'obligations amorties chaque année ne sont pas connus à l'avance ; ils dépendent des rentrées des capitaux mis à la disposition des emprunteurs.

La prime de remboursement ne peut donc pas être calculée.

Quant au billet de loterie, sa valeur, la veille du tirage, dépend du nombre de numéros restant dans l'urne à cette époque (l'administration du crédit foncier est seule à même de donner ce renseignement). En divisant la *somme des lots* à gagner par le nombre de numéros participant au tirage, on aurait le chiffre cherché.

### APPLICATION DES PROBABILITÉS AU CALCUL DE LA VALEUR DE LA PRIME DE REMBOUR-SEMENT DES OBLIGATIONS.

La première application des probabilités qui se présente à l'esprit, lorsqu'il s'agit de l'amortissement des obligations, c'est la recherche de la probabilité qu'a une obligation de sortir au premier des tirages restant à effectuer.

Prenons un exemple :

Si, sur 10 000 obligations restant à une certaine époque de l'amortissement, le tirage en appelle 100 au remboursement, la probabilité, pour un numéro quelconque, de sortir à ce tirage, sera exprimée par le rapport $\frac{100}{10\,000} = \frac{1}{100}$, un centième.

La probabilité qu'a une obligation de sortir au premier tirage, est le rapport du nombre d'obligations à rembourser à ce tirage, au nombre total de titres non amortis avant qu'il n'ait lieu.

On voit par là que les chances de sortie augmentent au fur et à mesure que le nombre de tirages restant à effectuer diminue : 1° parce que le nombre d'obligations non amorties diminue (le dénominateur de la fraction devient plus petit) ; 2° parce que le nombre d'obligations à amortir (le numérateur de la fraction) augmente. Pour ces deux raisons, la *probabilité* (la fraction) augmente.

### De l'Espérance d'un seul tirage, ou valeur de la chance de remboursement la veille d'un tirage donné.

### Table VI.

Dans les applications du calcul des probabilités, on entend par *Espérance mathématique* le produit de la somme à gagner, par la probabilité de l'obtenir. Si donc, une somme de 100 fr., est mise en jeu, et qu'un joueur n'ait pour lui qu'une chance de gain sur cent, sa mise, pour que le jeu soit équitable, ne devra être que le centième de 100 fr. ou 1 franc. Elle doit être égale à son espérance mathématique qui est

$$100 \text{ f.} \times \frac{1}{100} = 1 \text{ f.}$$

Si donc, après avoir calculé la probabilité qu'acquiert successivement une obligation de sortir aux différents tirages de l'amortissement, nous multiplions cette probabilité par 100 fr. nous aurons la valeur de l'espérance d'une prime de 100 fr. la veille de chaque tirage.

La table VI donne pour les obligations 3 p. 100, 4 p. 100, 5 p. 100 et de l'Est, la valeur de ce billet de loterie de 100 fr. reposant sur la chance de sa sortie à *tel tirage* de l'amortissement (le tirage étant désigné par le nombre d'annuités restant à solder).

Je renouvellerai ici une observation que j'ai déjà faite : le dernier tirage sert à partager les obligations non amorties jusqu'à ce jour, en deux séries, l'une qui est remboursée immédiatement, l'autre qui le sera dans un an. Ce tirage sert donc pour deux annuités, et si je n'ai pas inscrit la valeur de la prime de 100 fr. à la dernière annuité, c'est qu'ici le sort n'a plus à intervenir; il y a certitude de toucher la prime; elle vaut donc 100 fr.

Les nombres inscrits dans chaque colonne, peuvent être regardés comme indiquant combien il y a, aux différents tirages, d'obligations sortant, sur 100 qui ne sont pas encore amorties.

Ainsi : l'avant-dernière annuité remboursera $49\frac{1}{4}$ p. 100 des obligations 3 p. 100 restant à amortir ; et l'on voit qu'il faut qu'un emprunt 3 p. 100 n'ait plus que 47 années d'amortissement pour que le centième des obligations restantes sorte au premier tirage.

On remarque aussi, qu'à égalité de durée d'amortissement, la probabilité de sortir est d'autant plus faible que le taux nominal est plus élevé. Ce qui indique qu'avec un taux nominal plus élevé on recule l'époque du remboursement moyen et du remboursement probable de chaque obligation (*).

On peut à l'aide de la table VI résoudre le problème suivant :

Un agent de change ne peut livrer à son confrère les titres d'obligations pour lesquels un tirage doit avoir lieu; quelle indemnité celui-ci devra-t-il réclamer au nom de son client?

Nous supposerons qu'il s'agisse d'obligations de l'Ouest 3 p. 100 dont l'amortissement finit en 1951 (voir le tableau A), et que ces obligations ont été achetées 310 fr., peu de jours avant le tirage de 1863. (C'est-à-dire 89 ans avant l'amortissement complet.)

La prime est ici de... 500 f. — 310 f. = 190 f. ; l'espérance de cette prime (table VI, colonne 3, p. 100, ligne 89), est de $0^f,232 \times 1,9 = 0^f,44$ : l'indemnité à réclamer est donc de $0^f,44$ par obligation.

1re *Remarque*. On voit que l'espérance d'un seul tirage ne dépend pas du taux de l'escompte, mais qu'elle est déterminée par le cours de la bourse, précisant la valeur de la prime de remboursement, qui est la différence entre le prix que vaudra l'obligation désignée par le sort, et le prix auquel on peut s'en procurer une avant le tirage.

L'espérance d'un seul tirage ne peut donc pas être égale à ce que j'ai appelé la déception (**).

2e *Remarque*. Si, à l'espérance du premier tirage, on ajoute l'escompte à un taux donné de l'espérance du tirage suivant, l'escompte au même taux du tirage qui vient après, et ainsi de suite : on aura la somme des valeurs actuelles des espérances de chacun des tirages de l'amortissement. Cette somme doit être égale à la valeur moyenne de la prime de remboursement la veille du tirage ; c'est ce que prouve le calcul.

(*) Voir pages 33 et suivantes. *Remboursement moyen et Remboursement probable.*
(**) Page 23.

Cette remarque complétera l'idée que l'on doit se faire de la valeur moyenne de la prime de remboursement escomptée à un taux donné.

### DÉLAI DU REMBOURSEMENT MOYEN D'UNE OBLIGATION.

#### Table VII.

Nous avons étudié la loi d'amortissement (véritable loi de mortalité) des obligations remboursables par annuités. Cette loi dit que les nombres d'obligations remboursées chaque année croissent en progression géométrique.

Ceci posé, on comprendra facilement que l'on peut résoudre la question suivante : quel est le délai moyen de remboursement d'une obligation qui a encore tant d'années pour être amortie ?

Pour être mieux compris du lecteur, peu familiarisé peut-être avec ce qu'on peut appeler le *délai moyen de remboursement*, je le comparerai à la vie moyenne d'un individu d'un âge donné; on appelle ainsi le nombre d'années qui lui restent moyennement à vivre, et on l'obtient en divisant la somme des années vécues par tous les individus de cet âge par le nombre même des survivants de l'âge considéré.

Le délai de remboursement moyen sera donc la vie moyenne de l'obligation qui doit être amortie certainement au bout de tant d'années.

Nous l'obtiendrons en divisant la somme des nombres d'années que chaque titre devra passer dans les mains du public, à partir d'une certaine époque, par le nombre d'obligations restant à amortir à l'époque considérée.

*Exemple*. Il reste en circulation, ou bien on a créé 300 obligations remboursables en 3 ans, et je suppose qu'au taux nominal de ces obligations

Le premier remboursement qui doit s'effectuer dans un an soit de.. 95 obligations.
Celui qui doit s'effectuer dans deux ans, de...................... 99 —
Enfin, le troisième et dernier, de............................... 106 —

TOTAL................ 300 obligations.

Les 95 premières obligations remboursées auront vécu chacune un an ; les 99 remboursées par l'annuité suivante auront vécu chacune pendant 2 ans; les dernières, enfin, auront vécu 3 ans : de sorte que la somme des années vécues par chacune d'elles sera de

$$95 + 2 \times 99 + 3 \times 106 = 95 + 198 + 318 = 611 \text{ années.}$$

5

En divisant ce nombre par 300, nous aurons

$$\frac{611}{300} = 2^{ans},075$$

pour le délai moyen de remboursement, ou le temps qu'elles sont restées moyennement en circulation.

On trouvera dans la table VII, colonne *Délai moyen*, le délai du remboursement moyen d'une obligation 3 p. 100 dont l'amortissement doit être terminé en tant d'années.

### DÉLAI DU REMBOURSEMENT PROBABLE D'UNE OBLIGATION.

La loi d'amortissement nous fournit encore le moyen de trouver le délai probable du remboursement ; je le comparerai à la vie probable d'un individu.

On appelle vie probable d'un individu d'un certain âge, le nombre d'années qui doivent s'écouler pour que le nombre de vivants de cet âge soit diminué de moitié.

D'après cela, on voit que le délai de remboursement probable d'une obligation qui a encore tant d'années pour être amortie, sera le nombre d'années qui doit s'écouler pour que le nombre d'obligations, restant en circulation à cette époque, soit diminué de moitié par l'amortissement.

Il est probable que cette obligation sera remboursée à l'expiration de ce délai, ou du moins elle a autant de chances pour l'être que pour ne pas l'être pendant ce temps.

Le calcul de la note VII fait voir comment on arrive à la formule générale à l'aide de laquelle j'ai trouvé les nombres inscrits, table VII, dans la colonne *Délai probable*. Ces nombres correspondent aux obligations 3 p. 100.

Le lecteur s'étonnera sans doute de voir des nombres fractionnaires là où il s'attendait à trouver des nombres entiers, puisque les remboursements s'effectuent le même jour et ne sont pas répartis sur toute l'année comme la table semble l'indiquer. Mais si cette forme fractionnaire ne correspond pas aux faits, elle résulte du calcul et exprime d'une manière complète la durée pour laquelle un numéro donné a autant de chances pour être remboursé que pour ne pas l'être.

*Observations sur la table VII.* — On comprendra facilement que le délai moyen de remboursement d'une obligation remboursable dans un an, est un an : on se demandera peut-être quel est le délai probable.

Nous répondrons que si les remboursements étaient échelonnés sur toute l'année, et s'ils s'effectuaient par la voie du sort, il serait facile de calculer ce délai probable, lequel serait de six mois environ. Mais ici nous sommes forcé de rentrer dans la réalité des faits : il n'y a pas de durée probable pour le dernier remboursement, mais un délai certain ; et ce délai est d'un an, parce que le dernier tirage, qui a lieu lorsqu'il reste encore deux annuités à solder, a partagé les obligations en deux séries, l'une qui doit être remboursée de suite, l'autre qui le sera un an plus tard.

Lorsqu'il reste à une obligation deux années pour être amortie, on est encore éloigné d'un an du dernier tirage qui rembourse un peu moins de la moitié des obligations restantes; aussi le calcul donne-t-il pour la durée probable un nombre un peu supérieur à un an.

On remarquera en outre que le délai moyen est plus court que le délai probable pour les amortissements à longue échéance. Ces deux délais sont égaux pour deux obligations 3 p. 100 remboursables en 21 ans; à partir de cette époque, c'est le délai probable qui est plus court que le délai moyen.

### De la valeur probable de la prime de remboursement d'une obligation.

#### Table VIII.

Le délai probable du remboursement nous conduit à la valeur probable de la prime.

En effet, si cette prime est payable après un délai de *tant* d'années, sa valeur actuelle est l'escompte de cette prime exigible à cette époque.

La table VIII donne la valeur probable d'une prime de 100 francs d'une obligation 3 p. 100 à toutes les époques de son amortissement, escomptée à 5 p. 100, et permet de résoudre le problème suivant : soit une obligation 3 p. 100 remboursable en 64 annuités; on demande quelle est, au taux de 5 p. 100 la valeur probable d'une prime de 180 fr. ? On trouve (table VIII, ligne 64) que la prime de 100 fr. vaut $10^f,967$; la prime de 180 fr. vaudra donc :

$$1,8 \times 10^f,967 = 19^f,76.$$

*Remarque.* On se demandera si la valeur moyenne de la prime ne pourrait pas se déduire du délai moyen de remboursement, comme la valeur probable se déduit du délai probable.

Le calcul donnerait un chiffre erroné, en ce sens qu'il ne tiendrait pas compte de l'espérance des primes à toucher aux différentes échéances, tandis que la valeur moyenne

  CONCLUSION.

déduite des tables I et II représente rigoureusement la somme des escomptes des bonifications promises au public.

# CONCLUSION

## Comparaison des valeurs moyennes et des valeurs probables d'une prime de remboursement.

Il y a donc deux manières de calculer la valeur d'une prime de remboursement.

1° Le calcul de la valeur moyenne, tenant compte des chances offertes par tous les tirages. C'est l'expression mathématique du sacrifice consenti par l'emprunteur. C'est la valeur exacte du bénéfice recueilli par la masse des souscripteurs. C'est le chiffre du bénéfice moyen réservé à chaque obligation.

2° Le calcul de la valeur probable, basée sur l'espérance d'un remboursement effectif, à l'expiration du délai probable.

Or, admettre le délai probable comme délai réel du remboursement, serait partir d'une fausse donnée, car il n'y aura qu'une très-petite fraction de l'emprunt qui sera remboursée à cette époque, tandis que presque la moitié des titres le sera avant et l'autre moitié après.

Est-ce donc à dire qu'il y a compensation exacte entre le bénéfice recueilli par les remboursements antérieurs et les pertes occasionnées par les remboursements postérieurs? Non, et pour s'en convaincre, il suffit de jeter les yeux sur le tableau suivant extrait des tables I et VIII.

COMPARAISON DES VALEURS MOYENNES ET PROBABLES D'UNE PRIME DE REMBOURSEMENT DE 100 FR.

ESCOMPTÉES A 5 % LA VEILLE DE CHAQUE TIRAGE

| NOMBRE D'ANNUITÉS restant à solder. | VALEUR MOYENNE | VALEUR PROBABLE | NOMBRE D'ANNUITÉS restant à solder. | VALEUR MOYENNE | VALEUR PROBABLE |
|---|---|---|---|---|---|
| | fr. | fr. | | fr. | fr. |
| 2 | 97 584 | 95 238 | 60 | 22 043 | 12 976 |
| 10 | 80 121 | 76 963 | 70 | 16 843 | 8 480 |
| 20 | 62 384 | 57 179 | 80 | 12 829 | 5 462 |
| 30 | 48 377 | 41 104 | 90 | 9 744 | 3 478 |
| 40 | 37 365 | 28 683 | 100 | 7 382 | 2 196 |
| 50 | 28 750 | 19 505 | | | |

On verra, à l'inspection de ce tableau, que la valeur probable d'une prime de rembour-sement est toujours au-dessous de sa valeur moyenne.

Qu'un petit capitaliste, porteur de quelques obligations, se dise que la valeur probable lui semble déjà un prix suffisant des espérances de remboursement qu'il conçoit, rien de mieux ; c'est un moyen prudent de s'épargner des mécomptes. Qu'il n'accorde même aucune valeur aux chances aléatoires du remboursement ; ces appréciations toutes per-sonnelles sont indiscutables, et résultent du tempérament de chacun : les uns n'es-pèrent rien, les autres espèrent beaucoup.

La confiance de ceux-ci, l'incrédulité de ceux-là dans les chances que leur réserve l'a-venir, n'empêchent pas que, tous les ans, un certain nombre d'obligations ne soit appelé à toucher la prime de remboursement.

Libres sont les porteurs de titres d'escompter l'espérance de cette prime à leur ma-nière, d'adopter pour sa valeur la valeur moyenne, la valeur probable, ou même la valeur zéro.

Mais quand il s'agira de l'appréciation mathématique d'une obligation ; quand on vou-dra déterminer le taux d'un emprunt ; comparer des obligations émises dans des condi-tions différentes ; en un mot, quand on désirera se rendre un compte exact d'une opération financière sur des obligations : c'est la valeur moyenne de la prime de remboursement qu'il faudra introduire dans le calcul, parce que c'est elle seule qui tient compte d'une manière équitable de toutes les chances des tirages, puisqu'elle donne seule la valeur ri-goureuse de la prime lorsqu'il s'agit de la totalité des obligations d'un emprunt.

# DEUXIÈME PARTIE

## NOTE I



### FORMULES DE L'INTÉRÊT COMPOSÉ ET DE L'ESCOMPTE EXACT

Soit $r$ le taux de l'intérêt, le revenu de 1 franc pendant un an; on demande ce que deviendra une somme A, prêtée à ce taux $r$ pendant $n$ années, si on laisse cumuler les intérêts?

Après un an, le capital s'est accru des intérêts de chaque franc, et si l'on appelle C le nouveau capital, on a :

$$C = A + Ar = A(1 + r),$$

l'année suivante C devient C' et l'on a de même :

$$C' = C + Cr = C(1 + r) = A(1 + r)^2$$

et ainsi de suite. Après $n$ années on aura

$$C_n = A(1 + r)^n \quad \dots\dots\dots\dots\dots\dots\dots\dots\dots\dots\dots\dots\dots \quad [1]$$

L'équation [1] permet de déterminer l'une quelconque des quatre quantités C, A, $r$ et $n$, quand les trois autres sont connues.

On peut se demander, par exemple, quelle est la valeur actuelle d'une somme C payable au bout de $n$ années, pour un capitaliste qui désire placer son argent au taux $r$. En un mot, quel est l'escompte de cette somme C au taux $r$?

On tire de l'équation [1]

$$A = \frac{C}{(1 + r)^n} \quad \dots\dots\dots\dots\dots\dots\dots\dots\dots\dots\dots\dots\dots \quad [2]$$

Les équations [1] et [2] sont générales; l'exposant $n$ sera entier ou fractionnaire, selon que le nombre d'années sera lui-même entier ou fractionnaire.

# NOTE II

## CALCUL DE LA LOI D'AMORTISSEMENT DES OBLIGATIONS REMBOURSABLES PAR ANNUITÉS

On appelle *annuité* une somme constante destinée à faire face au service des intérêts et à celui de l'amortissement d'un emprunt. Cette somme doit être calculée de manière à éteindre la dette, capital et intérêts, en un certain nombre d'années ; soient donc :

$N$     le nombre d'obligations d'un emprunt ;

$i$     l'intérêt annuel servi à chacune d'elles ;

$R$     le prix de remboursement (ou capital nominal) de l'obligation ;

$\dfrac{i}{R} = s$ sera le taux nominal (*). On pourra exprimer le chiffre du revenu en fonction du taux nominal et du prix de remboursement ; on a :

$i = Rs$     soit enfin :

$n$     le nombre d'annuités dont se compose l'amortissement ;

$a_1$ , $a_2$ , $a_3$ ..... $a_n$ les nombres d'obligations remboursées la première, la seconde, la troisième, etc., et la dernière année de l'amortissement.

La première condition à remplir, c'est que les $n$ annuités remboursent toutes les obligations ; on aura donc :

$$a_1 + a_2 + a_3 + \ldots\ldots + a_n = N \ldots\ldots\ldots\ldots\ldots\ldots\ldots\ldots\ldots [3]$$

La deuxième condition, c'est que les versements effectués annuellement par le débiteur, entre les mains de ses créanciers, soient égaux entre eux.

Prenons deux annuités quelconques, correspondant à deux années consécutives de l'amortissement, et soient $p$ et $p + 1$ les numéros d'ordre de ces annuités. Les nombres d'obligations appelées au remboursement seront :

$$a_p \quad \text{et} \quad a_{p+1}.$$

Si $k$ est le chiffre de l'annuité et $B$ le nombre des obligations restant à amortir, on aura pour la première annuité :

$$K = BRs + Ra_p,$$

et pour la seconde :

$$K = (B - a_p)Rs + Ra_{p+1};$$

(*) Taux nominal, I$^{re}$ partie, page 2.

d'où l'on tire, en réduisant :

$$a_{p+1} = a_p(1 + s) \quad \dots\dots\dots\dots\dots\dots\dots\dots\dots\dots\dots \quad [4]$$

Ce qui fait voir que le nombre d'obligations remboursées une année quelconque, est égal au nombre d'obligations remboursées l'année précédente, multiplié par $(1+s)$. Les nombres :

$$a_1 \;,\; a_2 \;,\; a_3 \;,\; \dots \quad a_n$$

sont donc les termes d'une progression géométrique, dont la raison est $(1+s)$ et dont le nombre de termes est $n$. Condition suffisante pour trouver tous les nombres $a_1$, $a_2$, etc. On a en effet

$$a_1\left[1 + (1+s) + (1+s)^2 + \dots\dots + (1+s)^{n-1}\right] = N;$$

d'où l'on tire :

$$a_1 = \frac{Ns}{(1+s)^n - 1} \quad \dots\dots\dots\dots\dots\dots\dots\dots\dots\dots\dots \quad [5]$$

et enfin :

$$\frac{Ns}{(1+s)^n - 1}\left[1 + (1+s) + (1+s)^2 + \dots\dots + (1+s)^{n-1}\right] = N \quad \dots\dots\dots\dots \quad [6]$$

D'où l'on voit que le nombre d'obligations remboursées une certaine année, celle de rang $p$, par exemple, sera :

$$a_p = \frac{Ns(1+s)^{p-1}}{(1+s)^n - 1}$$

*Exemple.* Quel est le nombre d'obligations remboursées en 1863, par la Compagnie de l'Ouest, sur son emprunt de 600 000 obligations émis en 1855, remboursable à l'aide de 94 annuités, de 1858 à 1951 ?

L'année 1863 étant la 6ᵉ de l'amortissement, on aura :

$$a_6 = \frac{600000 \times 0,03 \times (1,03)^5}{(1,03)^{94} - 1} = 1382^f,35.$$

On trouve ici un nombre fractionnaire qui ne peut remplir le but que s'est proposé la Compagnie, car elle ne peut amortir une fraction d'obligation.

On a donc dû chercher une suite de nombres entiers, se rapprochant autant que possible de la progression géométrique déterminée par le calcul, en négligeant les fractions inférieures à ½ et en forçant celles qui lui sont supérieures.

Il résulte de là que les annuités ne sont pas rigoureusement égales entre elles ; elles pourront différer en plus ou en moins de l'annuité mathématique (*), de la moitié du prix de remboursement d'une obligation ; c'est-à-dire que la différence entre la plus forte annuité et la plus faible, n'excédera jamais le chiffre de remboursement d'un titre. Somme bien peu importante lorsqu'il s'agit d'annuités qui se comptent quelquefois par dizaines de millions.

En résumé : cet écart entre la pratique et la théorie, n'altère en rien l'exactitude des calculs que nous allons faire en prenant comme point de départ, la loi d'amortissement, reconnue plus haut.

# NOTE III

## CALCUL DE LA VALEUR MOYENNE D'UNE PRIME DE REMBOURSEMENT, D'UNE OBLIGATION AMORTISSABLE PAR ANNUITÉS CONSTANTES

La prime de remboursement n'est autre chose que la différence entre le prix de remboursement et le prix d'émission, ou le prix coté à la bourse, ou le prix résultant de la capitalisation du revenu de l'obligation à un taux donné.

Soit P ; cette prime de remboursement.

Soient : $a_1$, $a_2$, $a_3$,.... $a_n$ les nombres d'obligations remboursées par chaque annuité.

Le bénéfice total recueilli par un capitaliste, souscripteur unique de l'emprunt ; ou mieux, le bénéfice concédé à la masse des N des obligations sera de :

$$a_1 \text{P francs au premier tirage ;}$$
$$a_2 \text{P francs au second tirage ;}$$
$$a_3 \text{P. francs au troisième tirage ;}$$
$$\cdots\cdots\cdots\cdots\cdots\cdots\cdots$$
$$a_n \text{P francs au dernier tirage.}$$

(*) On obtiendra le chiffre de l'annuité mathématique d'un emprunt par obligation en ajoutant, à la somme consacrée au service des intérêts, celle qui est destinée à l'amortissement. En conservant les données ci-dessus, on aura pour la première annuité :

$$K = NRs + \frac{Ns}{(1+s)^n - 1} \quad R = \frac{NRs(1+s)^n}{(1+s)^n - 1}.$$

Le chiffre de l'annuité moyenne payé par la Compagnie de l'Ouest pour son emprunt ci-dessus sera :

$$K = \frac{600000 \times 0,03 \times (1,03)^{94} \times 500^f}{(1,03)^{94} - 1} = 9,596,222^f,22.$$

La valeur actuelle de ces promesses, escomptées au taux $r$, la veille du premier tirage *en admettant que le remboursement ait lieu immédiatement après*, sera de :

$$X = P\left[a_1 + \frac{a_2}{1+r} + \frac{a_3}{(1+r)^2} + \ldots + \frac{a_n}{(1+r)^{n-1}}\right].$$

Remplaçant dans cette équation, $a_1$, $a_2$, $a_3 \ldots a_n$, par leurs valeurs en fonction du nombre N d'obligations émises, du nombre d'annuités $n$ et du taux nominal $s$, on aura (*) :

$$X = \frac{PNs}{(1+s)^n - 1}\left[1 + \frac{1+s}{1+r} + \left(\frac{1+s}{1+r}\right)^2 + \left(\frac{1+s}{1+r}\right)^3 + \ldots + \left(\frac{1+s}{1+r}\right)^{n-1}\right].$$

Faisant la somme des termes de la progression géométrique comprise entre parenthèses, il vient pour le bénéfice total recueilli par la masse des obligations, escompté au taux $r$ la veille du premier tirage

$$X = NP\frac{s(1+r)}{r-s}\left[\frac{1 - \left(\frac{1+s}{1+r}\right)^n}{(1+s)^n - 1}\right].$$

Divisant X par N, nous aurons le bénéfice moyen réservé à chaque titre :

$$x = \frac{X}{N} = P\frac{s(1+r)}{r-s}\left[\frac{1 - \left(\frac{1+s}{1+r}\right)^n}{(1+s)^n - 1}\right] \ldots \ldots \ldots \quad [7]$$

Et l'escompte de la prime P, lorsque le premier tirage n'a lieu que dans $m$ années, est l'escompte de $x$ payable au bout de ce temps ou (**)

$$x' = \frac{x}{(1+r)^m} = \frac{Ps}{(r-s)(1+r)^{m-1}}\left[\frac{1 - \left(\frac{1+s}{1+r}\right)^n}{(1+s)^n - 1}\right] \ldots \ldots \ldots \quad [8]$$

PREMIÈRE REMARQUE : *La valeur moyenne est indépendante du nombre d'obligations.* — Les équations [7] et [8] donnent en effet pour $x$ et $x'$, des valeurs qui sont indépendantes de N. Les valeurs de $x$ et $x'$ sont donc fonction seulement du taux de l'escompte et des limites de l'amortissement.

Nous tirerons de là une conséquence importante : c'est que $n$ peut aussi bien représenter le nombre d'annuités restant à verser entre les mains du public, que le nombre total d'annuités de l'amortissement.

(*) Voir le calcul de la note II, formule [6].
(**) Le lecteur fera bien de se reporter aux considérations développées pages 4 et suivantes.

1° Si dans [7] on fait successivement $n=1$, $n=2$, $n=3$, etc., on aura la valeur moyenne de P, *la veille du tirage,* lorsqu'il reste, une, deux, trois, etc. annuités à courir. En général donc, la formule [7] donne la valeur moyenne au taux $r$ la veille du premier des tirages à effectuer, lorsqu'il reste $n$ annuités à solder pour compléter l'amortissement.

2° Si dans [8] on fait $m=1$ et si l'on remplace $n$ par $n-1$, on aura :

$$x'' = P \frac{s}{r-s} \left[ \frac{1 - \left(\frac{1+s}{1+r}\right)^{n-1}}{(1+s)^n - 1} \right] \dots\dots\dots\dots\dots\dots\dots [9]$$

$x''$ exprimant la valeur moyenne de P, *un an avant le tirage* de l'annuité de rang $(n-1)$ par rapport à la dernière (c'est-à-dire lorsqu'il reste $(n-1)$ annuités à solder pour l'amortissement complet) ou ce qui revient au même, la valeur moyenne de P, le lendemain du tirage de l'annuité précédente.

DEUXIÈME REMARQUE. *Ce que devient la valeur moyenne quand on l'escompte à un taux égal au taux nominal.* — Si l'on se propose d'escompter la prime à un taux égal au taux nominal, on trouve en faisant $r=s$ que les équations [7], [8] et [9] deviennent

$$x = \frac{0}{0} \quad , \quad x' = \frac{0}{0} \quad , \quad x'' = \frac{0}{0}.$$

Mais on sait que, pour voir s'il y a réellement indétermination, il faut introduire $r=s$, avant de faire la somme des termes compris entre parenthèses ; cela posé, l'équation [7] devient :

$$x = P \frac{s}{(1+s)^n - 1} \left[ 1 + \frac{1+s}{1+s} + \left(\frac{1+s}{1+s}\right)^2 + \dots + \left(\frac{1+s}{1+s}\right)^{n-1} \right]$$

ou :

$$x = \frac{Ps}{(1+s)^n - 1} \left[ 1 + 1 + 1 \dots + 1 \right] = \frac{Pns}{(1+s)^n - 1} \dots\dots\dots\dots [10]$$

TROISIÈME REMARQUE. *De la valeur moyenne quand les annuités sont payées de six en six mois.* — Supposons que l'amortissement ait lieu à l'aide de tirages semestriels, le nombre d'annuités est le double de celui des années de l'amortissement.

Cherchons quels seront les nombres d'obligations remboursées par chaque annuité. La loi de l'amortissement étant générale, on aura pour la suite de ces nombres (note II)

$$a_1 \left[ 1 + (1+s)^{\frac{1}{2}} + (1+s)^{\frac{2}{2}} + (1+s)^{\frac{3}{2}} + \dots (1+s)^{\frac{2n-1}{2}} \right] = N,$$

d'où :

$$a_1 = \frac{N[(1+s)^{\frac{1}{2}} - 1]}{(1+s)^n - 1}$$

et

$$\frac{N[(1+s)^{\frac{1}{2}}-1]}{(1+s)^n-1}\left[1+(1+s)^{\frac{1}{2}}+(1+s)^{\frac{2}{2}}+\ldots\ldots(1+s)^{\frac{2n-1}{2}}\right]=N.$$

La valeur actuelle de toutes ces primes est la somme des escomptes de ces promesses aux échéances successives, éloignées les unes des autres de $\frac{1}{2}$ année, on aura (note III)

$$X=\frac{PN[(1+s)^{\frac{1}{2}}-1]}{(1+s)^n-1}\left[1+\left(\frac{1+s}{1+r}\right)^{\frac{1}{2}}+\left(\frac{1+s}{1+r}\right)^{\frac{2}{2}}+\left(\frac{1+s}{1+r}\right)^{\frac{3}{2}}+\ldots\ldots+\left(\frac{1+s}{1+r}\right)^{\frac{2n-1}{2}}\right],$$

faisant la somme on a :

$$X=\frac{PN[(1+s)^{\frac{1}{2}}-1]}{(1+s)^n-1}\left[\frac{1-\left(\frac{1+s}{1+r}\right)^n}{1-\left(\frac{1+s}{1+r}\right)^{\frac{1}{2}}}\right],$$

et enfin, la valeur moyenne de la prime est :

$$\frac{X}{N}=x=P\frac{(1+s)^{\frac{1}{2}}-1}{1-\left(\frac{1+s}{1+r}\right)^{\frac{1}{2}}}\left[\frac{1-\left(\frac{1+s}{1+r}\right)^n}{(1+s)^n-1}\right]\ldots\ldots\ldots\ldots\ldots\ldots [\alpha]$$

La formule $[\alpha]$ ne diffère de la formule [7] que par le coefficient de P en dehors de la parenthèse; je vais chercher à le simplifier.

On a :

$$(1+s)^{\frac{1}{2}}=1+\frac{s}{2},$$

en se contentant des deux premiers termes du développement de la puissance $\frac{1}{2}$, d'où :

$$(1+s)^{\frac{1}{2}}-1=\frac{s}{2},$$

on a aussi :

$$\frac{(1+s)^{\frac{1}{2}}}{(1+r)^{\frac{1}{2}}}=\frac{1+\frac{s}{2}}{1+\frac{r}{2}}=\frac{2+s}{2+r},$$

et,

$$1-\left(\frac{1+s}{1+r}\right)^{\frac{1}{2}}=1-\frac{2+s}{2+r}=\frac{r-s}{2+r},$$

d'où enfin :

$$\frac{(1+s)^{\frac{1}{2}}-1}{1-\left(\frac{1+s}{1+r}\right)^{\frac{1}{2}}}=\frac{\frac{s}{2}(2+r)}{r-s}=\frac{s\left(1+\frac{r}{2}\right)}{r-s}=\frac{s(1+r)^{\frac{1}{2}}}{r-s}.$$

D'après cela, on voit que la formule [α] peut être remplacée par la formule approchée :

$$x = P \frac{s(1+r)^{\frac{1}{2}}}{r-s} \left[ \frac{1 - \left(\frac{1+s}{1+r}\right)^n}{(1+s)^n - 1} \right] \dots\dots\dots\dots\dots \text{[7 } bis]$$

Ce calcul prouve que l'on peut, sans erreur sensible, considérer la formule [7] comme générale, en ayant soin de donner à l'exposant de $(1+r)$ la valeur de la fraction d'année suivant laquelle se font les tirages.

On trouvera la formule [8 $bis$], de la valeur de la prime, $m$ années avant le premier tirage semestriel, en l'escomptant à cette échéance.

$$x' = P \frac{s}{(r-s)(1+r)^{m-\frac{1}{2}}} \left[ \frac{1 - \left(\frac{1+s}{1+r}\right)^n}{(1-s)^n - 1} \right] \dots\dots\dots\dots\dots \text{[8 } bis]$$

### FORMULES GÉNÉRALES DES TABLES I ET II

1° La formule de la table I se déduit de la formule [7] dans laquelle on fait :

$$P = 100 \qquad s = 0,03,$$

et l'on a

$$x = \frac{3(1+r)}{(r-0,03)} \left[ \frac{1 - \left(\frac{1.03}{1+r}\right)^n}{(1,03)^n - 1} \right].$$

2° La formule de la valeur moyenne d'une prime de 100 fr. des obligations de l'Est, escomptée à 5 p. 100, la veille du tirage, s'obtient en faisant dans [7]

$$P = 100 \qquad s = 0,03846.. \qquad r = 0,05,$$

on a :

$$x = \frac{3,846(1,05)}{0,01154..} \left[ \frac{1 - \left(\frac{1,03846}{1,05}\right)^n}{(1,03846)^n - 1} \right].$$

3° La formule analogue pour les obligations 4 p. 100 se déduira de [7] en y faisant.

$$P = 100 \qquad s = 0,04 \qquad r = 0,05,$$

$$x = \frac{4(1,05)}{0,01} \left[ \frac{1 - \left(\frac{1,04}{1,05}\right)^n}{(1,04)^n - 1} \right].$$

4° On aura enfin pour la valeur moyenne de la prime des obligations 5 p. 100, escomptée à 4 p. 100 la veille du tirage, en substituant dans la formule [10] les valeurs de :

$$P = 100 \qquad s = 0,05,$$

$$x = \frac{5n}{(1,05)^n - 1} .$$

# NOTE IV

## CALCUL NUMÉRIQUE DE LA VALEUR MOYENNE D'UNE PRIME DE REMBOURSEMENT, D'UNE OBLIGATION D'UN TAUX NOMINAL DONNÉ.

Supposons une obligation rapportant 30 fr. d'intérêt annuel, remboursable à 500 fr. à l'aide de 47 tirages semestriels, soit en 23 ans et demi (*) ; on demande la valeur moyenne de sa prime de remboursement de 200 fr. escomptée à 10 p. 100, 6 mois avant le premier des tirages à effectuer.

La formule [8 *bis*] (note III, 3ᵉ remarque, page 45) nous servira à résoudre ce problème, elle donne :

$$x = \frac{Ps}{(r-s)(1+r)^{m-\frac{1}{2}}} \left[ \frac{1 - \left(\frac{1+s}{1+r}\right)^n}{(1+s)^n - 1} \right].$$

Dans cette équation nous ferons :

$$P = 200^f,00$$
$$s = \frac{30}{500} = 0,06$$
$$r = 0,10$$
$$m = \frac{6}{12} \quad \text{et} \quad m - \frac{1}{2} = 0$$
$$n = 23,5$$

et l'on aura :

$$x = \frac{200^f \times 0,06}{0,04} \left[ \frac{1 - \left(\frac{1,06}{1,10}\right)^{23,5}}{(1,06)^{23,5} - 1} \right].$$

[*] Il s'agit ici des obligations émises, en avril 1863, par la banque Impériale Ottomane.

| CALCUL DE $(1,06)^{23,5} - 1$. | CALCUL DE $1 - \left(\dfrac{1,06}{1,10}\right)^{23,5}$ | CALCUL DE $x$. |
|---|---|---|
| $\begin{aligned} &\text{Log } 1,06 = 0,0253059 \\ &\hspace{4em} 23,5 \\ &\hspace{3em}\overline{\phantom{0}} \\ &\hspace{2em} 0,0126530 \\ &\hspace{2em} 0,0759177 \\ &\hspace{2em} 0,506118 \\ &\hspace{2em}\overline{\phantom{0}} \\ &\text{Log } (1,06)^{23,5} = 0,5946887 \\ &(1,06)^{23,5} = 3,93268 \\ &(1,06)^{23,5} - 1 = 2,93268 \\ &\text{Log } [(1,06)^{23,5} - 1] = 0,4672647 \\ &\text{C. log } [(1,06)^{23,5} - 1] = 9,5327353 \end{aligned}$ | $\begin{aligned} &\text{Log } 1,1 = 0,0413927 \\ &\hspace{4em} 23,5 \\ &\hspace{3em}\overline{\phantom{0}} \\ &\hspace{2em} 0,0206964 \\ &\hspace{2em} 0,1241781 \\ &\hspace{2em} 0,827854 \\ &\hspace{2em}\overline{\phantom{0}} \\ &\text{Log } (1,1)^{23,5} = 0,9727285 \\ &\text{Log } (1,06)^{23,5} = 0,5946887 \\ &\text{Log } \left(\dfrac{1,06}{1,10}\right)^{23,5} = 9,6219602 \\ &\left(\dfrac{1,06}{1,10}\right)^{23,5} = 0,418755 \\ &1 - \left(\dfrac{1,06}{1,10}\right)^{23,5} = 0,581245 \\ &\text{Log}\left[1 - \left(\dfrac{1,06}{1,10}\right)^{23,5}\right] = 9,7643591 \end{aligned}$ | $\begin{aligned} &\text{Log } 2,00 = 2,3010300 \\ &\text{Log } \dfrac{0,06}{0,04} = 0,1760913 \\ &\text{Log}\left[1 - \left(\dfrac{1,06}{1,10}\right)^{23,5}\right] = 9,7643591 \\ &\text{Log } [(1,06)^{23,5} - 1] = 9,5327353 \\ &\hspace{4em}\overline{\phantom{0}} \\ &\text{Log } x = 1,7742157 \\ &x = 59^{f},46 \end{aligned}$ |

# NOTE V

## CALCUL DE L'ESPÉRANCE D'UN SEUL TIRAGE

Nous avons vu (note II, page 39) que si un emprunt comprenant N obligations au taux nominal $s$ doit être amorti en $n$ annuités, le premier tirage désignera pour le remboursement $a_1$ obligations qui sont données par la relation :

$$a_1 = \frac{Ns}{(1+s)^n - 1},$$

La probabilité qu'a une obligation de sortir à ce tirage, sera donnée par le rapport du nombre d'obligations à amortir, au nombre total d'obligations de l'emprunt ; en appelant $p$ cette probabilité on a :

$$p = \frac{a_1}{N} = \frac{s}{(1+s)^n - 1}.$$

Or, N et $n$ peuvent être regardés comme exprimant le nombre d'obligations restant à amortir et le nombre d'annuités restant à courir, aussi bien qu'ils représentaient primitivement le nombre total d'obligations émises, et le nombre d'annuités de l'amortissement complet.

D'ailleurs, $p$ est indépendant de N le nombre d'obligations restant à amortir; il est fonction seulement de $s$, le taux nominal, et de $n$, le nombre d'annuités restant à solder.

L'espérance d'une prime de 100 francs sera le produit : $100 \times p$, et en le désignant par E, on aura (*) :

$$E = \frac{s}{(1+s)^n - 1} \times 100^t \quad \dots\dots\dots\dots\dots\dots\dots\dots\dots\dots\dots\dots [11]$$

# NOTE VI

## DÉLAI DU REMBOURSEMENT MOYEN D'UNE OBLIGATION D'UN TAUX NOMINAL DONNÉ, AMORTISSABLE EN TANT D'ANNUITÉS

Le délai moyen du remboursement s'obtient en divisant, par le nombre d'obligations d'un emprunt, la somme des années pendant lesquelles chacune d'elles doit rester en circulation.

Les nombres d'obligations remboursées par chaque annuité sont donnés par la formule (6)

$$\frac{Ns}{(1+s)^n - 1}\left[1 + (1+s) + (1+s)^2 + \dots\dots + (1+s)^{n-1}\right] = N.$$

Dans laquelle N est le nombre total d'obligations de l'emprunt, ou le nombre restant à amortir, $n$ le nombre total ou le nombre restant d'annuités à courir, et $s$ le taux nominal de l'intérêt. La somme des années vécues par toutes les obligations sera donc :

$$\frac{Ns}{(1+s)^n - 1}\left[1 + 2(1+s) + 3(1+s)^2 + 4(1+s)^3 + \dots\dots n(1+s)^{n-1}\right].$$

En divisant cette somme par N, nous aurons le délai moyen

$$D_m = \frac{s}{(1+s)^n - 1}\,T.$$

En désignant par T, la somme des termes compris entre parenthèses.

Pour trouver l'expression de T, on remarquera que la somme des termes qu'il repré-

(*) Voir: De l'espérance mathématique, première partie, page 31.

sente peut se décomposer en une suite de progressions géométriques, dont la somme sera donnée par celle des seconds membres des équations suivantes :

$$1 + (1+s) + (1+s)^2 + (1+s)^3 + \ldots\ldots + (1+s)^{n-1} = \frac{(1+s)^n - 1}{s}$$

$$+ (1+s) + (1+s)^2 + (1+s)^3 + \ldots\ldots + (1+s)^{n-1} = \frac{(1+s)^n - (1+s)}{s}$$

$$+ (1+s)^2 + (1+s)^3 + \ldots\ldots + (1+s)^{n-1} = \frac{(1+s)^n - (1+s)^2}{s}$$

$$+ (1+s)^3 + \ldots\ldots + (1+s)^{n-1} = \frac{(1+s)^n - (1+s)^3}{s}$$

$$\ldots\ldots\ldots\ldots\ldots\ldots\ldots\ldots\ldots\ldots$$

$$+ (1+s)^{n-1} = \frac{(1+s)^n - (1+s)^{n-1}}{s}$$

faisant la somme des équations ci-dessus on aura :

$$T = 1 + 2(1+s) + 3(1+s)^2 + 4(1+s)^3 + \ldots\ldots + n(1+s)^{n-1} = \frac{n(1+s)^n}{s} - \frac{(1+s)^n - 1}{s^2},$$

ou

$$T = \frac{(ns - 1)(1+s)^n + 1}{s^2}.$$

Et enfin : introduisant la valeur de T dans l'expression de $D_m$ on aura :

$$D_m = \frac{(ns - 1)(1+s)^n + 1}{s\left((1+s)^n - 1\right)} \ldots\ldots\ldots\ldots\ldots\ldots\ldots\ldots\ldots\ldots [12]$$

# NOTE VII

## DÉLAI DU REMBOURSEMENT PROBABLE D'UNE OBLIGATION

Le délai probable du remboursement est égal au temps qui doit s'écouler, pour que la moitié des obligations émises ou restant à amortir soit diminuée de moitié.

Soit donc N le nombre d'obligations existant à une certaine époque, $n$ le nombre d'annuités restant à courir, $s$ le taux nominal de l'obligation.

Si nous appelons $x$ le nombre cherché d'années au bout desquelles $\frac{N}{2}$ obligations seront remboursées, on aura d'après l'équation [6] :

$$\frac{Ns}{(1+s)^n-1}\left[1+(1+s)+(1+s)^2+\ldots+(1+s)^{x-1}\right]=\frac{N}{2};$$

d'où l'on tire :

$$\frac{(1+s)^x-1}{(1+s)^n-1}=\frac{1}{2},$$

et

$$(1+s)^x=\frac{(1+s)^n+1}{2};$$

enfin on aura en appelant $D_p$ le délai probable cherché :

$$D_p=x=\frac{\log\dfrac{(1+s)^n+1}{2}}{\log(1+s)}\ \ldots\ldots\ldots\ldots\ldots\ldots\ldots\ldots\ldots\ldots\ [13]$$

# NOTE VIII

### CALCUL DE LA VALEUR PROBABLE D'UNE PRIME DE 100 FR. D'UNE OBLIGATION REMBOURSABLE EN TANT D'ANNÉES

La valeur probable de la prime donnée est l'escompte de cette prime, payable à l'expiration du délai probable trouvé plus haut.

Si donc :

    $r$ est le taux de l'escompte;

    $x$ le délai probable calculé à l'aide de la formule [13],

on aura, en appelant $z$ cette valeur probable :

$$z=\frac{100}{(1+r)^x}\ \ldots\ldots\ldots\ldots\ \ldots\ldots\ldots\ldots\ldots\ldots\ldots\ldots\ [14]$$

### OBLIGATIONS 4 P. 100

| NOMS DES COMPAGNIES | DATES DES EMPRUNTS | NOMBRES D'OBLIGATIONS | INTÉRÊT ANNUEL | PRIX DE REMBOURSEMENT | LIMITES de L'AMORTISSEMENT | ÉPOQUES DES TIRAGES | ANNUITÉS RESTANT A SOLDER en 1863. |
|---|---|---|---|---|---|---|---|
| Nord | 1851-55 | 375,000 | 15f | 500f » | 1852 à 1926 | Avril. | 64 |
| Id. | 1855-62 | 375,000 | 15 | 500 » | 1856 à 1947 | Id. | 85 |
| Paris à Lyon | 1855 | 100,000 | 15 | 500 » | 1856 à 1954 | Mars. | 92 |
| Lyon-Méditerranée | 1852-55 | 250,403 | 15 | 500 » | 1856 à 1954 | Id. | 92 |
| Paris, Lyon, Méditerranée (fusion) | 1856 | 2,400,000 | 15 | 500 » | 1856 à 1954 | Id. | 92 |
| Est | 1856-61 | 918,287 | 15 | 500 » | 1863 à 1949 | Janv. | 87 |
| Ouest | 1855-61 | 1,350,000 | 15 | 500 » | 1858 à 1951 | Juin. | 89 |
| Orléans | 1852-61 | 1,490,000 | 15 | 500 » | 1857 à 1951 | Déc. | 89 |
| Midi | 1856-61 | 449,788 | 15 | 500 » | 1859 à 1957 | Avril. | 95 |
| Ardennes et l'Oise | 1857-61 | 159,000 | 15 | 500 » | 1861 à 1955 | Déc. | 93 |
| Dauphiné | 1858 | 148,000 | 15 | 500 » | 1863 à 1958 | Juin. | 96 |
| Bességes à Alais | 1855-57 | 22,610 | 15 | 500 » | 1858 à 1950 | Déc. | 88 |
| Croix-Rousse | 1861-62 | 3,680 | 15 | 500 » | 1863 à 1949 | Juin. | 87 |
| Dieuze | 1862 | 5,900 | 15 | 500 » | 1863 à 1919 | Mars. | 87 |
| Lyon à Sathonay | 1862 | 5,357 | 15 | 500 » | 1863 à 1952 | Id. | 90 |
| Rhône et Loire | 1853 | 63,643 | 15 | 500 » | 1854 à 1952 | Déc. | 90 |
| Grand-Central | 1855 | 131,007 | 15 | 500 » | 1860 à 1958 | Id. | 96 |
| Lyon à Genève | 1855 | 87,719 | 15 | 500 » | 1856 à 1954 | Id. | 92 |
| Paris à Lyon par le Bourbonnais | 1856 | 326,821 | 15 | 500 » | 1855 à 1953 | Id. | 91 |
| Victor-Emmanuel | 1862 | 98,412 | 15 | 500 » | 1863 à 1954 | Oct. | 92 |
| Docks du Havre | 1861 | 16,000 | 15 | 500 » | 1862 à 1950 | Déc. | 88 |
| Cie Immobilière de Paris | 1861 | 63,158 | 15 | 500 » | 1862 à 1951 | Id. | 89 |
| Graissessac à Béziers | 1855 | 26,500 | 7,50 | 250 » | 1858 à 1937 | Mai. | 75 |
| Charleroy à Erquelines | 1853 | 17,418 | 16,87 1/2 | 562 50 | 1854 à 1941 | Déc. | 79 |
| Guillaume, Luxembourg | 1853-61 | 42,000 | 15 | 500 » | 1861 à 1954 | Sept. | 92 |
| Autrichiens | 1856-60 | 678,636 | 15 | 500 » | 1860 à 1947 | Juill. | 85 |
| Sud de l'Autriche | 1855 | 784,379 | 15 | 500 » | 1865 à 1954 | Déc. | 92 |
| Lombard-Vénitien et Central-Italien | 1856-61 | 470,000 | 15 | 500 » | 1860 à 1949 | Id. | 87 |
| Lignes d'Italie | 1861 | 62,500 | 15 | 500 » | 1867 à 1946 | Id. | 80 |
| Saragosse | 1857-61 | 500,000 | 15 | 500 » | 1860 à 1953 | Id | 91 |
| Cordoue à Séville | 1859 | 36,821 | 15 | 500 » | 1860 à 1956 | Id. | 94 |
| Séville à Xérès | 1859 | 50,000 | 15 | 500 » | 1861 à 1907 | Id. | 45 |
| Séville à Xérès (nouvelles) | 1860 | 100,000 | 15 | 500 » | 1862 à 1955 | Avril. | 93 |
| Saragosse à Pampelune | 1859 | 79,986 | 15 | 500 » | 1864 à 1962 | Mars. | 99 |
| Nord de l'Espagne | 1860 | 400,000 | 15 | 500 » | 1864 à 1958 | Avril. | 95 |
| Montblanc à Reuss | 1859 | 21,000 | 15 | 500 » | 1861 à 1954 | Mars. | 92 |
| Portugais | 1861 | 10,000 | 15 | 500 » | 1853 à 1959 | Déc. | 97 |
| Romains | 1858-61 | 355,250 | 15 | 500 » | 1860 à 1953 | Id. | 91 |
| Compagnie des Eaux | 1853 | 20,000 | 15 | 500 » | 1862 à 1951 | Mars. | 89 |

### OBLIGATIONS 4 P. 100

| NOMS DES COMPAGNIES | DATES DES EMPRUNTS | NOMBRES D'OBLIGATIONS | INTÉRÊT ANNUEL | PRIX DE REMBOURSEMENT | LIMITES de L'AMORTISSEMENT | ÉPOQUES DES TIRAGES | ANNUITÉS RESTANT A SOLDER en 1863. |
|---|---|---|---|---|---|---|---|
| Versailles (R. D.) | 1843 | 1,191 | 50f | 1250f » | 1845 à 1893 | Nov. | 31 |
| Saint-Germain | 1842-49 | 3,055 | 50 | 1250 » | 1844 à 1893 | Id. | 31 |
| Orléans (1842) | 1842 | 8,888 | 50 | 1250 » | 1845 à 1891 | Déc. | 29 |
| Id. (1848) | 1848 | 13,333 | 50 | 1250 » | 1849 à 1938 | Id. | 76 |
| Rouen | 1847-49 | 9,781 | 50 | 1250 » | 1848 à 1924 | Nov. | 62 |
| Havre | 1845-47 | 5,408 | 50 | 1250 » | 1847 à 1925 | Id | 63 |
| Strasbourg à Bâle | 1843 | 2,775 | 50 | 1250 » | 1845 à 1891 | Janv. | 29 |
| Montereau | 1852 | 3,300 | 50 | 1250 » | 1853 à 1927 | Id. | 65 |
| Lyon | 1852 | 80,000 | 50 | 1250 » | 1856 à 1905 | Sept. | 43 |
| Avignon à Marseille | 1850 | 7,068 | 50 | 1250 » | 1852 à 1884 | Déc. | 22 |
| Ouest | 1852-55 | 9,077 | 50 | 1250 » | 1854 à 1903 | Juin. | 41 |
| Saint-Étienne (emprunts réunis) | 1841 | 206 | 50 | 1250 » | 1842 à 1871 | Mai. | 9 |
| Saint-Étienne | 1850 | 5,841 | 50 | 1250 » | 1853 à 1927 | Déc. | 65 |
| Bâle à Wissembourg | 1852 | 20,000 | 25 | 625 » | 1856 à 1905 | Janv. | 43 |
| Méditerranée | 1852 | 120,000 | 25 | 625 » | 1856 à 1954 | Sept. | 92 |
| Rhône et Loire | 1853 | 102,611 | 25 | 625 » | 1854 à 1952 | Déc. | 90 |
| Orsay (1er emprunt) | 1853 | 1,200 | 50 | 1250 » | 1854 à 1903 | Juill. | 41 |
| Id. (2e emprunt) | 1855 | 5,893 | 20 | 500 » | 1856 à 1905 | Id. | 43 |
| Amiens à Boulogne | 1848 | 2,363 | 20 | 500 » | 1853 à 1869 | Avril. | 7 |
| Obligations du Trésor | 1860-61 | 699,999 | 20 | 500 » | 1862 à 1889 | Janv. | 27 |

### OBLIGATIONS 5 P. 100

| NOMS DES COMPAGNIES | DATES DES EMPRUNTS | NOMBRES D'OBLIGATIONS | INTÉRÊT ANNUEL | PRIX DE REMBOURSEMENT | LIMITES de L'AMORTISSEMENT | ÉPOQUES DES TIRAGES | ANNUITÉS RESTANT A SOLDER en 1863. |
|---|---|---|---|---|---|---|---|
| Cie des Omnibus | 1860 | 17,000 | 25 | 500 » | 1868 à 1910 | » | 48 |
| Éclairage et chauffage par le gaz | 1858 | 25,300 | 25 | 500 » | 1861 à 1905 | » | 43 |

### OBLIGATIONS ANCIENNES DE L'EST

| NOMS DES COMPAGNIES | DATES DES EMPRUNTS | NOMBRES D'OBLIGATIONS | INTÉRÊT ANNUEL | PRIX DE REMBOURSEMENT | LIMITES de L'AMORTISSEMENT | ÉPOQUES DES TIRAGES | ANNUITÉS RESTANT A SOLDER en 1863. |
|---|---|---|---|---|---|---|---|
| Est (anciennes) | 1852-54 | 368,828 | 25 | 650 » | 1855 à 1949 | Janv. | 57 |

# TABLE I.

Formule générale :

$$x = \frac{3(1+r)\left[1-\left(\frac{1.03}{1+r}\right)^{n}\right]}{(r-0,03)\left[(1,03)^{n}-1\right]}$$

## OBLIGATIONS 3 P. 100

**Valeur moyenne au taux** $r$, LA VEILLE DU TIRAGE, d'une prime de 100 francs, d'une obligation remboursable par la voie du sort dans un délai de $n$ années, à l'aide de $n$ annuités.

**Valeurs moyennes successives de l'escompte au taux** $r$, d'une prime de 100 francs, calculées pour la veille du premier des tirages annuels restant à effectuer pour compléter l'amortissement de l'emprunt.

| TAUX $r$ p. 100. | NOMBRE $n$ D'ANNUITÉS A REMBOURSER POUR LE COMPLET AMORTISSEMENT DE L'EMPRUNT | | | | | | | | | | TAUX $r$ p. 100. |
|---|---|---|---|---|---|---|---|---|---|---|---|
| | $n = 1$ | $n = 2$ | $n = 3$ | $n = 4$ | $n = 5$ | $n = 6$ | $n = 7$ | $n = 8$ | $n = 9$ | $n = 10$ | |
| | fr. | fr. | fr. | fr. | fr. | fr. | fr. | fr. | fr. | fr. | |
| 4,0 | 100,000 | 98,048 | 96,129 | 94,242 | 92,384 | 90,557 | 88,762 | 86,995 | 85,258 | 83,552 | 4,0 |
| 4,1 | 100,000 | 98,001 | 96,037 | 94,107 | 92,209 | 90,343 | 88,509 | 86,707 | 84,938 | 83,198 | 4,1 |
| 4,2 | 100,000 | 97,954 | 95,946 | 93,972 | 92,034 | 90,130 | 88,258 | 86,421 | 84,617 | 82,846 | 4,2 |
| 4,3 | 100,000 | 97,907 | 95,855 | 93,839 | 91,860 | 89,917 | 88,007 | 86,136 | 84,300 | 82,498 | 4,3 |
| 4,4 | 100,000 | 97,861 | 95,764 | 93,705 | 91,686 | 89,705 | 87,760 | 85,854 | 83,985 | 82,152 | 4,4 |
| 4,5 | 100,000 | 97,815 | 95,674 | 93,572 | 91,513 | 89,493 | 87,514 | 85,575 | 83,672 | 81,806 | 4,5 |
| 4,6 | 100,000 | 97,767 | 95,583 | 93,439 | 91,340 | 89,282 | 87,268 | 85,293 | 83,360 | 81,464 | 4,6 |
| 4,7 | 100,000 | 97,722 | 95,493 | 93,307 | 91,168 | 89,073 | 87,023 | 85,015 | 83,050 | 81,125 | 4,7 |
| 4,8 | 100,000 | 97,677 | 95,403 | 93,176 | 90,997 | 88,864 | 86,779 | 84,739 | 82,742 | 80,788 | 4,8 |
| 4,9 | 100,000 | 97,630 | 95,313 | 93,045 | 90,827 | 88,658 | 86,538 | 84,464 | 82,436 | 80,454 | 4,9 |
| 5,0 | 100,000 | 97,584 | 95,223 | 92,914 | 90,658 | 88,452 | 86,297 | 84,190 | 82,133 | 80,121 | 5,0 |
| 5,1 | 100,000 | 97,538 | 95,134 | 92,784 | 90,489 | 88,247 | 86,057 | 83,917 | 81,831 | 79,792 | 5,1 |
| 5,2 | 100,000 | 97,492 | 95,044 | 92,654 | 90,320 | 88,043 | 85,819 | 83,649 | 81,531 | 79,465 | 5,2 |
| 5,3 | 100,000 | 97,446 | 94,956 | 92,524 | 90,152 | 87,840 | 85,582 | 83,381 | 81,233 | 79,139 | 5,3 |
| 5,4 | 100,000 | 97,401 | 94,866 | 92,395 | 89,984 | 87,637 | 85,345 | 83,113 | 80,937 | 78,815 | 5,4 |
| 5,5 | 100,000 | 97,354 | 94,778 | 92,266 | 89,818 | 87,436 | 85,110 | 82,847 | 80,642 | 78,494 | 5,5 |
| 5,6 | 100,000 | 97,309 | 94,689 | 92,138 | 89,653 | 87,234 | 84,877 | 82,583 | 80,349 | 78,174 | 5,6 |
| 5,7 | 100,000 | 97,264 | 94,601 | 92,009 | 89,489 | 87,034 | 84,645 | 82,320 | 80,058 | 77,857 | 5,7 |
| 5,8 | 100,000 | 97,218 | 94,514 | 91,882 | 89,325 | 86,836 | 84,413 | 82,058 | 79,769 | 77,543 | 5,8 |
| 5,9 | 100,000 | 97,173 | 94,425 | 91,755 | 89,161 | 86,637 | 84,183 | 81,798 | 79,482 | 77,230 | 5,9 |
| 6,0 | 100,000 | 97,128 | 94,339 | 91,628 | 88,997 | 86,439 | 83,954 | 81,541 | 79,197 | 76.920 | 6,0 |
| 6,1 | 100,000 | 97,083 | 94,251 | 91,501 | 88,833 | 86,242 | 83,726 | 81,284 | 78,912 | 76,612 | 6,1 |
| 6,2 | 100,000 | 97,038 | 94,164 | 91,375 | 88,671 | 86,045 | 83,498 | 81,028 | 78,630 | 76,305 | 6,2 |
| 6,3 | 100,000 | 96,993 | 94,078 | 91,249 | 88,509 | 85,851 | 83,273 | 80,774 | 78,350 | 76,000 | 6,3 |
| 6,4 | 100,000 | 96,948 | 93,991 | 91,123 | 88,348 | 85,656 | 83,048 | 80,522 | 78,072 | 75,699 | 6,4 |
| 6,5 | 100,000 | 96,903 | 93,905 | 90,999 | 88,187 | 85.464 | 82,824 | 80,271 | 77,796 | 75,399 | 6,5 |
| 6,6 | 100,000 | 96,859 | 93,820 | 90,875 | 88,028 | 85,272 | 82,603 | 80,020 | 77,522 | 75,101 | 6,6 |
| 6,7 | 100,000 | 96,814 | 93,735 | 90,751 | 87,869 | 85,080 | 82,382 | 79,772 | 77,248 | 74,805 | 6,7 |
| 6,8 | 100,000 | 96,770 | 93,647 | 90,628 | 87,710 | 84,889 | 82,162 | 79,526 | 76,976 | 74,511 | 6,8 |
| 6,9 | 100,000 | 96,725 | 93,562 | 90,505 | 87,552 | 84,699 | 81,943 | 79,279 | 76,706 | 74,219 | 6,9 |
| 7,0 | 100,000 | 96,881 | 93,476 | 90,382 | 87,394 | 84,510 | 81,724 | 79,034 | 76,438 | 73,928 | 7,0 |

OBLIGATIONS 3 P. 100

Formule générale :

$$x = \frac{3(1+r)\left[1 - \left(\frac{1,03}{1+r}\right)^{n}\right]}{(r-0,03)\left[(1,03)^{n}-1\right]}$$

**Valeur moyenne au taux $r$**, LA VEILLE DU TIRAGE, **d'une prime de 100 francs,** d'une obligation remboursable par la voie du sort, à l'aide de $n$ annuités.

**Valeurs moyennes successives de l'escompte au taux $r$, d'une prime de 100 francs,** calculées pour la veille du premier des tirages annuels restant à effectuer pour compléter l'amortissement de l'emprunt.

| TAUX $r$ p. 100. | NOMBRES $n$ D'ANNUITÉS A REMBOURSER POUR LE COMPLET AMORTISSEMENT DE L'EMPRUNT | | | | | | | | | | TAUX $r$ p. 100. |
|---|---|---|---|---|---|---|---|---|---|---|---|
| | $n = 11$ | $n = 12$ | $n = 13$ | $n = 14$ | $n = 15$ | $n = 16$ | $n = 17$ | $n = 18$ | $n = 19$ | $n = 20$ | |
| | fr. | fr. | fr. | fr. | fr. | fr. | fr. | fr. | fr. | fr. | |
| 4,0 | 81,873 | 80,224 | 78,602 | 77,009 | 75,443 | 73,902 | 72,389 | 70,903 | 69,443 | 68,009 | 4,0 |
| 4,1 | 81,488 | 79,809 | 78,161 | 76,542 | 74,950 | 73,387 | 71,852 | 70,344 | 68,865 | 67,413 | 4,1 |
| 4,2 | 81,107 | 79,399 | 77,724 | 76,078 | 74,463 | 72,877 | 71,320 | 69,793 | 68,295 | 66,825 | 4,2 |
| 4,3 | 80,728 | 78,992 | 77,291 | 75,619 | 73,981 | 72,373 | 70,795 | 69,248 | 67,732 | 66,244 | 4,3 |
| 4,4 | 80,352 | 78,589 | 76,861 | 75,165 | 73,504 | 71,873 | 70,276 | 68,709 | 67,176 | 65,671 | 4,4 |
| 4,5 | 79,979 | 78,188 | 76,434 | 71,714 | 73,032 | 71,379 | 69,763 | 68,177 | 66,626 | 65,105 | 4,5 |
| 4,6 | 79,609 | 77,791 | 76,012 | 74,269 | 72,563 | 70,890 | 69,255 | 67,652 | 66,084 | 64,547 | 4,6 |
| 4,7 | 79,241 | 77,397 | 75,593 | 73,827 | 72,099 | 70,407 | 68,753 | 67,133 | 65,547 | 63,996 | 4,7 |
| 4,8 | 78,876 | 77,007 | 75,178 | 73,390 | 71,640 | 69,929 | 68,256 | 66,619 | 65,017 | 63,452 | 4,8 |
| 4,9 | 78,514 | 76,620 | 74,766 | 72,956 | 71,185 | 69,456 | 67,764 | 66,110 | 64,494 | 62,916 | 4,9 |
| 5,0 | 78,156 | 76,236 | 74,359 | 72,520 | 70,735 | 68,987 | 67,278 | 65,608 | 63,977 | 62,384 | 5,0 |
| 5,1 | 77,800 | 75,854 | 73,954 | 72,101 | 70,289 | 68,522 | 66,797 | 65,113 | 63,467 | 61,861 | 5,1 |
| 5,2 | 77,447 | 75,475 | 73,554 | 71,679 | 69,849 | 68,063 | 66,322 | 64,623 | 62,965 | 61,345 | 5,2 |
| 5,3 | 77,095 | 75,100 | 73,156 | 71,261 | 69,413 | 67,610 | 65,853 | 64,139 | 62,472 | 60,836 | 5,3 |
| 5,4 | 76,746 | 74,727 | 72,762 | 70,848 | 68,981 | 67,161 | 65,388 | 63,660 | 61,973 | 60,332 | 5,4 |
| 5,5 | 76,401 | 74,359 | 72,372 | 70,438 | 68,553 | 66,716 | 64,929 | 63,186 | 61,489 | 59,834 | 5,5 |
| 5,6 | 76,058 | 73,994 | 71,985 | 70,032 | 68,129 | 66,277 | 64,474 | 62,717 | 61,010 | 59,344 | 5,6 |
| 5,7 | 75,715 | 73,631 | 71,601 | 69,630 | 67,709 | 65,842 | 64,024 | 62,253 | 60,536 | 58,860 | 5,7 |
| 5,8 | 75,377 | 73,271 | 71,221 | 69,231 | 67,293 | 65,411 | 63,580 | 61,797 | 60,067 | 58,383 | 5,8 |
| 5,9 | 75,041 | 72,914 | 70,845 | 68,836 | 66,882 | 64,984 | 63,140 | 61,345 | 59,603 | 57,910 | 5,9 |
| 6,0 | 74,708 | 72,559 | 70,471 | 68,444 | 66,475 | 64,562 | 62,705 | 60,899 | 59,146 | 57,444 | 6,0 |
| 6,1 | 74,376 | 72,207 | 70,100 | 68,056 | 66,071 | 64,144 | 62,275 | 60,458 | 58,694 | 56,983 | 6,1 |
| 6,2 | 74,048 | 71,858 | 69,733 | 67,671 | 65,671 | 63,731 | 61,850 | 60,022 | 58,248 | 56,528 | 6,2 |
| 6,3 | 73,723 | 71,512 | 69,368 | 67,291 | 65,275 | 63,322 | 61,428 | 59,591 | 57,807 | 56,078 | 6,3 |
| 6,4 | 73,399 | 71,168 | 69,007 | 66,913 | 64,884 | 62,918 | 61,010 | 59,163 | 57,371 | 55,635 | 6,4 |
| 6,5 | 73,078 | 70,827 | 68,650 | 66,540 | 64,496 | 62,516 | 60,598 | 58,741 | 56,941 | 55,197 | 6,5 |
| 6,6 | 72,759 | 70,490 | 68,296 | 66,169 | 64,112 | 62,120 | 60,190 | 58,324 | 56,516 | 54,764 | 6,6 |
| 6,7 | 72,442 | 70,155 | 67,944 | 65,802 | 63,731 | 61,727 | 59,787 | 57,911 | 56,095 | 54,337 | 6,7 |
| 6,8 | 72,127 | 69,823 | 67,594 | 65,438 | 63,354 | 61,338 | 59,389 | 57,504 | 55,679 | 53,915 | 6,8 |
| 6,9 | 71,816 | 69,492 | 77,247 | 65,078 | 62,981 | 60,954 | 58,995 | 57,100 | 55,269 | 53,499 | 6,9 |
| 7,0 | 71,506 | 69,165 | 66,904 | 64,720 | 62,612 | 60,574 | 58,605 | 56,702 | 54,864 | 53,088 | 7,0 |

Formule générale :

$$x = \frac{3(1+r)\left[1 - \left(\frac{1,03}{1+r}\right)^{n}\right]}{(r - 0,03)\left[(1,03)^{n} - 1\right]}$$

## OBLIGATIONS 3 P. 100

**Valeur moyenne au taux** $r$, LA VEILLE DU TIRAGE, d'une prime de 100 francs, d'une obligation remboursable par la voie du sort, à l'aide de $n$ annuités.

**Valeurs moyennes successives de l'escompte au taux** $r$, d'une prime de 100 francs, calculées pour la veille du premier des tirages annuels restant à effectuer pour compléter l'amortissement de l'emprunt.

| TAUX $r$ p. 100. | NOMBRES $n$ D'ANNUITÉS A REMBOURSER POUR LE COMPLET AMORTISSEMENT DE L'EMPRUNT | | | | | | | | | | TAUX $r$ p. 100. |
|---|---|---|---|---|---|---|---|---|---|---|---|
| | $n = 21$ | $n = 22$ | $n = 23$ | $n = 24$ | $n = 25$ | $n = 26$ | $n = 27$ | $n = 28$ | $n = 29$ | $n = 30$ | |
| | fr. | fr. | fr. | fr. | fr. | fr. | fr. | fr. | fr. | fr. | |
| 4,0 | 66,601 | 63,217 | 63,858 | 62,523 | 61,212 | 59,925 | 58,661 | 57,420 | 56,202 | 55,007 | 4,0 |
| 4,1 | 65,986 | 64,587 | 63,213 | 61,864 | 60,541 | 59,241 | 57,967 | 56,717 | 55,489 | 54,285 | 4,1 |
| 4,2 | 65,380 | 63,906 | 62,578 | 61,215 | 59,880 | 58,569 | 57,285 | 56,025 | 54,789 | 53,577 | 4,2 |
| 4,3 | 64,784 | 63,354 | 61,952 | 60,577 | 59,231 | 57,909 | 56,616 | 55,346 | 54,102 | 52,882 | 4,3 |
| 4,4 | 64,196 | 62,752 | 61,335 | 59,950 | 58,592 | 57,260 | 55,956 | 54,678 | 53,428 | 52,201 | 4,4 |
| 4,5 | 63,616 | 62,158 | 60,729 | 59,331 | 57,962 | 56,621 | 55,309 | 54,023 | 52,766 | 51,533 | 4,5 |
| 4,6 | 63,045 | 61,573 | 60,131 | 58,722 | 57,343 | 55,993 | 54,672 | 53,380 | 52,116 | 50,877 | 4,6 |
| 4,7 | 62,481 | 60,996 | 59,542 | 58,122 | 56,734 | 55,375 | 54,047 | 52,748 | 51,478 | 50,235 | 4,7 |
| 4,8 | 61,924 | 60,427 | 58,962 | 57,532 | 56,131 | 54,767 | 53,432 | 52,127 | 50,851 | 49,604 | 4,8 |
| 4,9 | 61,374 | 59,865 | 58,391 | 56,951 | 55,544 | 54,169 | 52,826 | 51,516 | 50,236 | 48,984 | 4,9 |
| 5,0 | 60,832 | 59,312 | 57,828 | 56,378 | 54,964 | 53,581 | 52,232 | 50,917 | 49,631 | 48,377 | 5,0 |
| 5,1 | 60,297 | 58,766 | 57,273 | 55,814 | 54,393 | 53,004 | 51,648 | 50,328 | 49,039 | 47,781 | 5,1 |
| 5,2 | 59,769 | 58,228 | 56,726 | 55,259 | 53,831 | 52,435 | 51,075 | 49,749 | 48,457 | 47,196 | 5,2 |
| 5,3 | 59,247 | 57,697 | 56,186 | 54,713 | 53,277 | 51,876 | 50,511 | 49,180 | 47,883 | 46,622 | 5,3 |
| 5,4 | 58,733 | 57,173 | 55,654 | 54,173 | 52,732 | 51,326 | 49,956 | 48,622 | 47,323 | 46,059 | 5,4 |
| 5,5 | 58,226 | 56,657 | 55,130 | 53,642 | 52,195 | 50,785 | 49,411 | 48,073 | 46,771 | 45,505 | 5,5 |
| 5,6 | 57,725 | 56,148 | 54,614 | 53,120 | 51,667 | 50,251 | 48,875 | 47,533 | 46,230 | 44,961 | 5,6 |
| 5,7 | 57,231 | 55,647 | 54,105 | 52,605 | 51,146 | 49,726 | 48,347 | 47,002 | 45,698 | 44,427 | 5,7 |
| 5,8 | 56,745 | 55,152 | 53,603 | 52,098 | 50,634 | 49,211 | 47,827 | 46,480 | 45,173 | 43,903 | 5,8 |
| 5,9 | 56,265 | 54,664 | 53,109 | 51,598 | 50,130 | 48,701 | 47,317 | 45,968 | 44,661 | 43,389 | 5,9 |
| 6,0 | 55,790 | 54,183 | 52,622 | 51,106 | 49,633 | 48,203 | 46,815 | 45,466 | 44,156 | 42,882 | 6,0 |
| 6,1 | 55,321 | 53,708 | 52,142 | 50,621 | 49,144 | 47,712 | 46,321 | 44,971 | 43,659 | 42,385 | 6,1 |
| 6,2 | 54,859 | 53,240 | 51,668 | 50,143 | 48,662 | 47,228 | 45,833 | 44,183 | 43,172 | 41,898 | 6,2 |
| 6,3 | 54,404 | 52,778 | 51,202 | 49,672 | 48,189 | 46,752 | 45,355 | 44,005 | 42,693 | 41,419 | 6,3 |
| 6,4 | 53,953 | 52,322 | 50,741 | 49,207 | 47,722 | 46,283 | 44,885 | 43,534 | 42,222 | 40,949 | 6,4 |
| 6,5 | 53,509 | 51,872 | 50,287 | 48,750 | 47,264 | 45,822 | 44,425 | 43,071 | 41,759 | 40,488 | 6,5 |
| 6,6 | 53,071 | 51,429 | 49,810 | 48,301 | 46,811 | 45,369 | 43,970 | 42,616 | 41,305 | 40,034 | 6,6 |
| 6,7 | 52,638 | 50,992 | 49,399 | 47,857 | 46,364 | 44,921 | 43,520 | 42,168 | 40,858 | 39,588 | 6,7 |
| 6,8 | 52,211 | 50,561 | 48,964 | 47,419 | 45,924 | 44,480 | 43,080 | 41,728 | 40,419 | 39,150 | 6,8 |
| 6,9 | 51,790 | 50,135 | 48,535 | 46,988 | 45,492 | 44,048 | 42,647 | 41,295 | 39,988 | 38,720 | 6,9 |
| 7,0 | 51,373 | 49,715 | 48,111 | 46,562 | 45,067 | 43,621 | 42,221 | 40,869 | 39,564 | 38,298 | 7,0 |

## OBLIGATIONS 3 P. 100

Formule générale :

$$x = \frac{3(1+r)\left[1 - \left(\frac{1,03}{1+r}\right)^{n}\right]}{(r - 0,03)\left[(1,03)^{n} - 1\right]}$$

**Valeur moyenne au taux $r$, LA VEILLE DU TIRAGE, d'une prime de 100 francs,** d'une obligation remboursable par la voie du sort, à l'aide de $n$ annuités.

**Valeurs moyennes successives de l'escompte au taux $r$, d'une prime de 100 francs,** calculées pour la veille du premier des tirages annuels restant à effectuer pour compléter l'amortissement de l'emprunt.

| TAUX $r$ p. 100. | NOMBRES $n$ D'ANNUITÉS A REMBOURSER POUR LE COMPLET AMORTISSEMENT DE L'EMPRUNT | | | | | | | | | | TAUX $r$ p. 100. |
|---|---|---|---|---|---|---|---|---|---|---|---|
| | $n = 31$ | $n = 32$ | $n = 33$ | $n = 34$ | $n = 35$ | $n = 36$ | $n = 37$ | $n = 38$ | $n = 39$ | $n = 40$ | |
| | fr. | fr. | fr. | fr. | fr. | fr. | fr. | fr. | fr. | fr. | |
| 4,0 | 53,832 | 52,681 | 51,551 | 50,443 | 49,354 | 48,286 | 47,238 | 46,210 | 45,202 | 44,214 | 4,0 |
| 4,1 | 53,103 | 51,945 | 50,809 | 49,696 | 48,604 | 47,531 | 46,479 | 45,449 | 44,439 | 43,449 | 4,1 |
| 4,2 | 53,388 | 51,224 | 50,083 | 48,965 | 47,870 | 46,792 | 45,738 | 44,706 | 43.695 | 42,703 | 4,2 |
| 4,3 | 51,688 | 50,518 | 49,372 | 48,250 | 47,151 | 46,070 | 45,014 | 43,980 | 42,968 | 41,976 | 4,3 |
| 4,4 | 51,001 | 49,826 | 48,676 | 47,550 | 46,447 | 45,365 | 44,307 | 43,272 | 42,259 | 41,269 | 4,4 |
| 4,5 | 50,328 | 49,148 | 47,994 | 46,864 | 45,759 | 44,676 | 43,616 | 42,581 | 41,568 | 40,576 | 4,5 |
| 4,6 | 49,668 | 48,484 | 47,326 | 46,194 | 45,080 | 44,002 | 42,942 | 41,906 | 40,893 | 39,901 | 4,6 |
| 4,7 | 49,021 | 47,833 | 46,671 | 45,538 | 44,428 | 43,343 | 42,283 | 41,247 | 40,234 | 39,244 | 4,7 |
| 4,8 | 48,386 | 47,194 | 46,030 | 44,895 | 43,784 | 42,698 | 41,639 | 40,604 | 39,590 | 38,602 | 4,8 |
| 4,9 | 47,762 | 46,568 | 45,402 | 44,265 | 43,154 | 42,067 | 41,010 | 39,974 | 38,962 | 37,976 | 4,9 |
| 5,0 | 47,151 | 45,955 | 44,787 | 43,648 | 42,536 | 41,451 | 40,394 | 39,359 | 38,349 | 37,365 | 5,0 |
| 5,1 | 46,552 | 45,354 | 44,185 | 43,045 | 41,932 | 40,847 | 39,792 | 38,758 | 37,750 | 36,769 | 5,1 |
| 5,2 | 45,964 | 44,765 | 43,595 | 42,455 | 41,342 | 40,257 | 39,203 | 38,171 | 37,166 | 36,187 | 5,2 |
| 5,3 | 45,388 | 44,188 | 43,017 | 41,876 | 40,765 | 39,681 | 38,627 | 37,597 | 36,596 | 35,617 | 5,3 |
| 5,4 | 44,823 | 43,621 | 42,451 | 41,310 | 40,200 | 39,117 | 38,064 | 37,037 | 36,039 | 35,063 | 5,4 |
| 5,5 | 44,268 | 43,065 | 41,896 | 40,755 | 39,646 | 38,565 | 37,515 | 36,489 | 35,493 | 34,521 | 5,5 |
| 5,6 | 43,724 | 42,522 | 41,351 | 40,211 | 39,104 | 38,025 | 36,974 | 35,953 | 34,961 | 33,993 | 5,6 |
| 5,7 | 43,190 | 41,987 | 40,817 | 39,679 | 38,573 | 37,496 | 36,448 | 35,430 | 34,441 | 33,478 | 5,7 |
| 5,8 | 42,666 | 41,462 | 40,294 | 39,158 | 38,053 | 36,979 | 35,934 | 34,919 | 33,935 | 32,973 | 5,8 |
| 5,9 | 42,151 | 40,948 | 39,781 | 38,646 | 37,544 | 36,472 | 35,430 | 34,418 | 33,437 | 32,481 | 5,9 |
| 6,0 | 41,646 | 40,445 | 39,278 | 38,145 | 37,045 | 35,975 | 34,938 | 33,930 | 32,951 | 32,000 | 6,0 |
| 6,1 | 41,150 | 39,951 | 38,785 | 37,654 | 36,556 | 35,489 | 34,456 | 33,452 | 32,477 | 31,530 | 6,1 |
| 6,2 | 40,663 | 39,466 | 38,302 | 37,173 | 36,077 | 35,014 | 33,985 | 32,984 | 32,013 | 31,070 | 6,2 |
| 6,3 | 40,185 | 38,989 | 37,828 | 36,701 | 35,608 | 34,549 | 33,523 | 32,526 | 31,559 | 30,620 | 6,3 |
| 6,4 | 39,716 | 38,521 | 37,363 | 36,239 | 35,149 | 34,094 | 33,071 | 32,078 | 31,116 | 30,181 | 6,4 |
| 6,5 | 39,254 | 38,063 | 36,906 | 35,786 | 34,699 | 33,648 | 32,628 | 31,640 | 30,681 | 29,752 | 6,5 |
| 6,6 | 38,802 | 37,613 | 36,459 | 35,342 | 34,257 | 33,211 | 32,195 | 31,211 | 30,256 | 29,333 | 6,6 |
| 6,7 | 38,359 | 37,171 | 36,021 | 34,907 | 33,824 | 32,783 | 31,772 | 30,791 | 29,842 | 28,924 | 6,7 |
| 6,8 | 37,925 | 36,738 | 35,590 | 34,480 | 33,401 | 32,364 | 31,357 | 30,380 | 29,437 | 28,523 | 6,8 |
| 6,9 | 37,498 | 36,313 | 35,168 | 34,061 | 32,988 | 31,953 | 30,950 | 29,979 | 29,040 | 28,131 | 6,9 |
| 7,0 | 37,077 | 35,895 | 34,755 | 33,650 | 32,584 | 31,550 | 30,553 | 29,587 | 28,632 | 27,748 | 7,0 |

# TABLE I.

Formule générale :

$$x = \frac{3(1+r)\left[1 - \left(\frac{1,03}{1+r}\right)^{n}\right]}{(r-0,03)\left[(1,03)^{n}-1\right]}$$

## OBLIGATIONS 3 P. 100

**Valeur moyenne au taux** $r$, LA VEILLE DU TIRAGE, **d'une prime de 100 francs,** d'une obligation remboursable par la voie du sort à l'aide de $n$ annuités.

**Valeurs moyennes successives de l'escompte au taux** $r$, **d'une prime de 100 francs,** calculées pour la veille du premier des tirages annuels restant à effectuer pour compléter l'amortissement de l'emprunt.

| TAUX $r$ p. 100. | NOMBRES $n$ D'ANNUITÉS A REMBOURSER POUR LE COMPLET AMORTISSEMENT DE L'EMPRUNT | | | | | | | | | | TAUX $r$ p. 100. |
|---|---|---|---|---|---|---|---|---|---|---|---|
| | $n=41$ | $n=42$ | $n=43$ | $n=44$ | $n=45$ | $n=46$ | $n=47$ | $n=48$ | $n=49$ | $n=50$ | |
| | fr. | fr. | fr. | fr. | fr. | fr. | fr. | fr. | fr. | fr. | |
| 4,0 | 43,243 | 42,292 | 41,360 | 40,446 | 39,549 | 38,670 | 37,809 | 36,965 | 36,136 | 35.326 | 4,0 |
| 4,1 | 42,478 | 41,528 | 40,595 | 39,682 | 38,785 | 37,908 | 37,049 | 36,207 | 35,382 | 34,573 | 4,1 |
| 4,2 | 41,732 | 40,782 | 39,850 | 38,939 | 38,043 | 37,167 | 36,310 | 35,471 | 34,649 | 33,844 | 4,2 |
| 4,3 | 41,005 | 40,055 | 39,125 | 38,215 | 37,321 | 36,448 | 35,592 | 34,757 | 33,938 | 33,137 | 4,3 |
| 4,4 | 40,297 | 39,348 | 38,419 | 37,509 | 36,619 | 35,748 | 34,896 | 34,063 | 33,249 | 32,451 | 4,4 |
| 4,5 | 39,606 | 38,638 | 37,732 | 36,823 | 35,936 | 35,070 | 34,222 | 33,390 | 32,581 | 31,787 | 4,5 |
| 4,6 | 38,933 | 37,986 | 37,062 | 36,155 | 35,273 | 34,409 | 33,567 | 32,737 | 31,932 | 31,142 | 4,6 |
| 4,7 | 38,277 | 37,332 | 36,409 | 35,507 | 34,628 | 33,767 | 32,930 | 32,104 | 31,302 | 30,517 | 4,7 |
| 4,8 | 37,637 | 36,694 | 35,774 | 34,875 | 34,000 | 33,142 | 32,310 | 31,488 | 30,690 | 29,910 | 4,8 |
| 4,9 | 37,013 | 36,072 | 35,155 | 34,260 | 33,388 | 32,535 | 31,705 | 30,888 | 30,096 | 29,322 | 4,9 |
| 5,0 | 36,404 | 35,467 | 34,553 | 33,661 | 32.793 | 31,942 | 31,117 | 30,306 | 29,519 | 28,750 | 5,0 |
| 5,1 | 35,811 | 34,877 | 33,968 | 33,078 | 32,214 | 31,367 | 30,547 | 29,741 | 28,959 | 28,195 | 5,1 |
| 5,2 | 35,232 | 34,301 | 33,397 | 32,510 | 31,650 | 30,809 | 29,993 | 29,192 | 28,415 | 27,657 | 5,2 |
| 5,3 | 34,667 | 33,740 | 32,839 | 31,956 | 31,102 | 30,266 | 29,454 | 28,659 | 27,887 | 27,134 | 5,3 |
| 5,4 | 34,115 | 33,193 | 32,295 | 31,417 | 30,567 | 29,737 | 28,929 | 28,140 | 27,374 | 26,627 | 5,4 |
| 5,5 | 33,578 | 32,659 | 31,765 | 30,892 | 30,046 | 29,220 | 28,419 | 27,635 | 26,875 | 26,135 | 5,5 |
| 5,6 | 33,054 | 32,138 | 31,248 | 30,382 | 29,540 | 28,718 | 27,922 | 27,144 | 26,391 | 25,656 | 5,6 |
| 5,7 | 32,541 | 31,628 | 30,744 | 29,883 | 29,045 | 28,229 | 27,439 | 26,667 | 25,918 | 25,190 | 5,7 |
| 5,8 | 32,041 | 31,132 | 30,252 | 29,397 | 28,564 | 27,755 | 26,969 | 26,202 | 25,459 | 24,737 | 5,8 |
| 5,9 | 31,553 | 30,648 | 29,773 | 28,922 | 28.096 | 27,292 | 26,511 | 25,751 | 25,014 | 24,297 | 5,9 |
| 6,0 | 31,076 | 30,177 | 29,306 | 28,460 | 27,638 | 26,840 | 26,065 | 25,312 | 24,580 | 23,870 | 6,0 |
| 6,1 | 30,611 | 29,717 | 28,851 | 28,009 | 27,194 | 26,401 | 25,631 | 24,883 | 24,158 | 23,454 | 6,1 |
| 6,2 | 30,156 | 29,268 | 28,407 | 27,571 | 26,760 | 25,974 | 25,209 | 24,467 | 23,748 | 23,030 | 6,2 |
| 6,3 | 29,711 | 28,829 | 27,973 | 27,143 | 26,338 | 25,557 | 24,799 | 24,062 | 23,349 | 22,658 | 6,3 |
| 6,4 | 29,277 | 28,400 | 27,550 | 26,725 | 25,926 | 25,150 | 24,398 | 23,668 | 22,961 | 22,275 | 6,4 |
| 6,5 | 28,853 | 27,981 | 27,137 | 26,318 | 25,524 | 24,753 | 24,007 | 23,284 | 22.582 | 21,902 | 6,5 |
| 6,6 | 28,439 | 27,573 | 26,734 | 25,920 | 25,132 | 24,366 | 23,626 | 22,909 | 22,213 | 21,539 | 6,6 |
| 6,7 | 28,034 | 27,174 | 26,340 | 25,531 | 24,749 | 23,989 | 23,255 | 22,544 | 21,855 | 21,187 | 6,7 |
| 6,8 | 27,640 | 26,784 | 25,955 | 25,151 | 24,375 | 23,622 | 22,894 | 22,189 | 21,506 | 20,845 | 6,8 |
| 6,9 | 27,253 | 26,403 | 25,579 | 24,782 | 24,011 | 23,264 | 22,542 | 21,843 | 21,166 | 20,511 | 6,9 |
| 7,0 | 26,875 | 26,030 | 25,212 | 24,421 | 23,657 | 22,915 | 22,198 | 21,506 | 20,835 | 20,186 | 7,0 |

## TABLE I.

Formule générale :

$$x = \frac{3(1+r)\left[1-\left(\frac{1{,}03}{1+r}\right)^{n}\right]}{(r-0{,}03)\left[(1{,}03)^{n}-1\right]}$$

## OBLIGATIONS 3 P. 100

**Valeur moyenne au taux $r$, LA VEILLE DU TIRAGE, d'une prime de 100 francs,** d'une obligation remboursable par la voie du sort, à l'aide de $n$ annuités.

**Valeurs moyennes successives de l'escompte au taux $r$, d'une prime de 100 francs,** calculées pour la veille du premier des tirages restant à effectuer pour compléter l'amortissement de l'emprunt.

| TAUX $r$ p. 100. | NOMBRES $n$ D'ANNUITÉS A REMBOURSER POUR LE COMPLET AMORTISSEMENT DE L'EMPRUNT | | | | | | | | | | TAUX $r$ p. 100. |
| --- | --- | --- | --- | --- | --- | --- | --- | --- | --- | --- | --- |
| | $n=51$ | $n=52$ | $n=53$ | $n=54$ | $n=55$ | $n=56$ | $n=57$ | $n=58$ | $n=59$ | $n=60$ | |
| | fr. | fr. | fr. | fr. | fr. | fr. | fr. | fr. | fr. | fr. | |
| 4,0 | 34,530 | 33,751 | 32,988 | 32,240 | 31,506 | 30,788 | 30,085 | 29,397 | 28,723 | 28,061 | 4,0 |
| 4,1 | 33,781 | 33,007 | 32,247 | 31,502 | 30,775 | 30,062 | 29,363 | 28,680 | 28,012 | 27,356 | 4,1 |
| 4,2 | 33,056 | 32,285 | 31,530 | 30,789 | 30,668 | 29,360 | 28,666 | 27,988 | 27,326 | 26,677 | 4,2 |
| 4,3 | 32,353 | 31,586 | 30,836 | 30,101 | 29,384 | 28,681 | 27,993 | 27,321 | 26,665 | 26,022 | 4,3 |
| 4,4 | 31,672 | 30,909 | 30,164 | 29,436 | 28,722 | 28,025 | 27,344 | 26,677 | 26,027 | 25,390 | 4,4 |
| 4,5 | 31,012 | 30,255 | 29,513 | 28,791 | 28,082 | 27,391 | 26,716 | 26,056 | 25,411 | 24,781 | 4,5 |
| 4,6 | 30,372 | 29,619 | 28,884 | 28,165 | 27,463 | 26,778 | 26,109 | 25,456 | 24,817 | 24,194 | 4,6 |
| 4,7 | 29,753 | 29,004 | 28,274 | 27,560 | 26,865 | 26,186 | 25,521 | 24,876 | 24,244 | 23,627 | 4,7 |
| 4,8 | 29,151 | 28,408 | 27,683 | 26,976 | 26,287 | 25,615 | 24,957 | 24,317 | 23,691 | 23,080 | 4,8 |
| 4,9 | 28,567 | 27,831 | 27,113 | 26,411 | 25,728 | 25,061 | 24,410 | 23,776 | 23,157 | 22,551 | 4,9 |
| 5,0 | 28,000 | 27,271 | 26,559 | 25,863 | 25,186 | 24,524 | 23,881 | 23,252 | 22,640 | 22,043 | 5,0 |
| 5,1 | 27,431 | 26,727 | 26,021 | 25,332 | 24,661 | 24,005 | 23,369 | 22,745 | 22,141 | 21,551 | 5,1 |
| 5,2 | 26,919 | 26,200 | 25,500 | 24,818 | 24,152 | 23,504 | 22,873 | 22,257 | 21,659 | 21,075 | 5,2 |
| 5,3 | 26,403 | 25,689 | 24,994 | 24,319 | 23,661 | 23,018 | 22,394 | 21,785 | 21,193 | 20,616 | 5,3 |
| 5,4 | 25,901 | 25,190 | 23,506 | 23,835 | 23,184 | 22,548 | 21,930 | 21,329 | 20,743 | 20,172 | 5,4 |
| 5,5 | 25,415 | 24,712 | 24,031 | 23,366 | 22,722 | 22,092 | 21,481 | 20,886 | 20,305 | 19,742 | 5,5 |
| 5,6 | 24,942 | 24,246 | 23,570 | 22,912 | 22,274 | 21,650 | 21,047 | 20,458 | 19,883 | 19,328 | 5,6 |
| 5,7 | 24,483 | 23,791 | 23,123 | 22,471 | 21,839 | 21,222 | 20,625 | 20,043 | 19,475 | 18,926 | 5,7 |
| 5,8 | 24,037 | 23,353 | 22,688 | 22,044 | 21,417 | 20,807 | 20,216 | 19,640 | 19,081 | 18,538 | 5,8 |
| 5,9 | 23,603 | 22,925 | 22,267 | 21,629 | 21,008 | 20,405 | 19,821 | 19,252 | 18,699 | 18,163 | 5,9 |
| 6,0 | 23,182 | 22,510 | 21,859 | 21,227 | 20,613 | 20,017 | 19,438 | 18,875 | 18,330 | 17,800 | 6,0 |
| 6,1 | 22,773 | 22,107 | 21,463 | 20,837 | 20,229 | 19,640 | 19,067 | 18,510 | 17,972 | 17,448 | 6,1 |
| 6,2 | 22,375 | 21,715 | 21,078 | 20,459 | 19,856 | 19,273 | 18,707 | 18,157 | 17,625 | 17,108 | 6,2 |
| 6,3 | 21,988 | 21,334 | 20,704 | 20,091 | 19,495 | 18,917 | 18,358 | 17,815 | 17,289 | 16,778 | 6,3 |
| 6,4 | 21,612 | 20,964 | 20,340 | 19,733 | 19,145 | 18,573 | 18,020 | 17,483 | 16,964 | 16,458 | 6,4 |
| 6,5 | 21,246 | 20,604 | 19,988 | 19,386 | 18,805 | 18,239 | 17,692 | 17,161 | 16,648 | 16,149 | 6,5 |
| 6,6 | 20,890 | 20,254 | 19,645 | 19,049 | 18,474 | 17,914 | 17,374 | 16,849 | 16,342 | 15,849 | 6,6 |
| 6,7 | 20,543 | 19,915 | 19,310 | 18,722 | 18,152 | 17,599 | 17,065 | 16,546 | 16,045 | 15,558 | 6,7 |
| 6,8 | 20,204 | 19,585 | 18,985 | 18,403 | 17,839 | 17,293 | 16,765 | 16,253 | 15,757 | 15,276 | 6,8 |
| 6,9 | 19,872 | 19,263 | 18,669 | 18,093 | 17,535 | 16,996 | 16,474 | 15,967 | 15,478 | 15,003 | 6,9 |
| 7,0 | 19,558 | 18,950 | 18,361 | 17,792 | 17,231 | 16,707 | 16,190 | 15,690 | 15,207 | 14,738 | 7,0 |

# TABLE I.

Formule générale :

$$x = \frac{3(1+r)\left[1 - \left(\frac{1.03}{1+r}\right)^n\right]}{(r - 0.03)\left[(1.03)^n - 1\right]}$$

## OBLIGATIONS 3 P. 100

**Valeur moyenne au taux $r$, LA VEILLE DU TIRAGE, d'une prime de 100 francs,** d'une obligation remboursable par la voie du sort, à l'aide de $n$ annuités.

**Valeurs moyennes successives de l'escompte au taux $r$, d'une prime de 100 francs,** calculées pour la veille du premier des tirages annuels restant à effectuer pour compléter l'amortissement de l'emprunt.

| TAUX $r$ p. 100. | NOMBRES $n$ D'ANNUITÉS A REMBOURSER POUR LE COMPLET AMORTISSEMENT DE L'EMPRUNT | | | | | | | | | | TAUX $r$ p. 100. |
|---|---|---|---|---|---|---|---|---|---|---|---|
| | $n = 61$ | $n = 62$ | $n = 63$ | $n = 64$ | $n = 65$ | $n = 66$ | $n = 67$ | $n = 68$ | $n = 69$ | $n = 70$ | |
| | fr. | fr. | fr. | fr. | fr. | fr. | fr. | fr. | fr. | fr. | |
| 4,0 | 27,414 | 26,780 | 26,160 | 25,553 | 24,958 | 24,375 | 23,806 | 23,248 | 22,703 | 22,168 | 4,0 |
| 4,1 | 26,715 | 26,087 | 25,474 | 24,872 | 24,284 | 23,710 | 23,146 | 22,597 | 22,057 | 21,531 | 4,1 |
| 4,2 | 26,041 | 25,420 | 24,814 | 24,218 | 23,637 | 23,070 | 22,513 | 21,971 | 21,439 | 20,919 | 4,2 |
| 4,3 | 25,392 | 24,777 | 24,177 | 23,590 | 23,015 | 22,454 | 21,905 | 21,369 | 20,843 | 20,333 | 4,3 |
| 4,4 | 24,768 | 24,159 | 23,566 | 22,984 | 22,418 | 21,862 | 21,322 | 20,792 | 20,276 | 19,771 | 4,4 |
| 4,5 | 24,166 | 23,565 | 22,978 | 22,402 | 21,844 | 21,296 | 20,762 | 20,240 | 19,729 | 19,231 | 4,5 |
| 4,6 | 23,585 | 22,991 | 22,409 | 21,842 | 21,290 | 20,749 | 20,222 | 19,707 | 19,203 | 18,714 | 4,6 |
| 4,7 | 23,026 | 22,438 | 21,862 | 21,303 | 20,758 | 20,224 | 19,705 | 19,196 | 18,698 | 18,218 | 4,7 |
| 4,8 | 22,485 | 21,904 | 21,336 | 20,784 | 20,246 | 19,719 | 19,206 | 18,705 | 18,214 | 17,740 | 4,8 |
| 4,9 | 21,963 | 21,389 | 20,828 | 20,284 | 19,752 | 19,232 | 18,726 | 18,233 | 17,750 | 17,282 | 4,9 |
| 5,0 | 21,460 | 20,893 | 20,338 | 19,801 | 19,276 | 18,763 | 18,265 | 17,779 | 17,305 | 16,843 | 5,0 |
| 5,1 | 20,976 | 20,414 | 19,868 | 19,337 | 18,818 | 18,312 | 17,822 | 17,342 | 16,876 | 16,420 | 5,1 |
| 5,2 | 20,507 | 19,953 | 19,414 | 18,889 | 18,377 | 17,879 | 17,394 | 16,921 | 16,460 | 16,014 | 5,2 |
| 5,3 | 20,055 | 19,508 | 18,975 | 18,457 | 17,952 | 17,461 | 16,982 | 16,517 | 16,069 | 15,624 | 5,3 |
| 5,4 | 19,619 | 19,077 | 18,551 | 18,040 | 17,543 | 17,058 | 16,587 | 16,128 | 15,683 | 15,248 | 5,4 |
| 5,5 | 19,196 | 18,661 | 18,143 | 17,637 | 17,148 | 16,670 | 16,205 | 15,754 | 15,314 | 14,887 | 5,5 |
| 5,6 | 18,788 | 18,261 | 17,748 | 17,250 | 16,766 | 16,296 | 15,837 | 15,393 | 14,959 | 14,538 | 5,6 |
| 5,7 | 18,392 | 17,873 | 17,367 | 16,876 | 16,397 | 15,934 | 15,481 | 15,044 | 14,618 | 14,203 | 5,7 |
| 5,8 | 18,010 | 17,498 | 16,997 | 16,514 | 16,042 | 15,585 | 15,140 | 14,707 | 14,289 | 13,880 | 5,8 |
| 5,9 | 17,641 | 17,135 | 16,642 | 16,165 | 15,699 | 15,249 | 14,810 | 14,384 | 13,973 | 13,569 | 5,9 |
| 6,0 | 17,284 | 16,784 | 16,299 | 15,828 | 15,369 | 14,924 | 14,492 | 14,073 | 13,667 | 13,269 | 6,0 |
| 6,1 | 16,939 | 16,447 | 15,966 | 15,502 | 15,050 | 14,611 | 14,185 | 13,772 | 13,373 | 12,980 | 6,1 |
| 6,2 | 16,604 | 16,119 | 15,644 | 15,187 | 14,742 | 14,309 | 13,889 | 13,481 | 13,088 | 12,702 | 6,2 |
| 6,3 | 16,281 | 15,802 | 15,334 | 14,882 | 14,443 | 14,017 | 13,602 | 13,200 | 12,812 | 12,433 | 6,3 |
| 6,4 | 15,968 | 15,494 | 15,033 | 14,587 | 14,154 | 13,734 | 13,325 | 12,930 | 12,547 | 12,174 | 6,4 |
| 6,5 | 15,665 | 15,196 | 14,742 | 14,301 | 13,875 | 13,461 | 13,059 | 12,669 | 12,291 | 11,925 | 6,5 |
| 6,6 | 15,372 | 14,909 | 14,460 | 14,025 | 13,605 | 13,197 | 12,800 | 12,416 | 12,045 | 11,684 | 6,6 |
| 6,7 | 15,087 | 14,630 | 14,187 | 13,758 | 13,343 | 12,941 | 12,550 | 12,171 | 11,805 | 11,450 | 6,7 |
| 6,8 | 14,811 | 14,359 | 13,923 | 13,499 | 13,090 | 12,693 | 12,309 | 11,934 | 11,574 | 11,224 | 6,8 |
| 6,9 | 14,543 | 14,098 | 13,667 | 13,249 | 12,845 | 12,453 | 12,075 | 11,706 | 11,350 | 11,006 | 6,9 |
| 7,0 | 14,283 | 13,844 | 13,419 | 13,007 | 12,608 | 12,222 | 11,848 | 11,485 | 11,135 | 10,795 | 7,0 |

Formule générale :

$$x = \frac{3(1+r)\left[1-\left(\frac{1,03}{1+r}\right)^{n}\right]}{(r-0,03)\,[(1,03)^{n}-1]}$$

# OBLIGATIONS 3 P. 100

**Valeur moyenne au taux** $r$, LA VEILLE DU TIRAGE, **d'une prime de 100 francs,** d'une obligation remboursable par la voie du sort, à l'aide de $n$ annuités.

**Valeurs moyennes successives de l'escompte au taux** $r$, **d'une prime de 100 francs,** calculées pour la veille du premier des tirages annuels restant à effectuer pour compléter l'amortissement de l'emprunt.

| TAUX $r$ p. 100. | NOMBRES $n$ D'ANNUITÉS A REMBOURSER POUR LE COMPLET AMORTISSEMENT DE L'EMPRUNT | | | | | | | | | | TAUX $r$ p. 100. |
|---|---|---|---|---|---|---|---|---|---|---|---|
| | $n=71$ | $n=72$ | $n=73$ | $n=74$ | $n=75$ | $n=76$ | $n=77$ | $n=78$ | $n=79$ | $n=80$ | |
| | fr. | fr. | fr. | fr. | fr. | fr. | fr. | fr. | fr. | fr. | |
| 4,0 | 21,645 | 21,134 | 20,634 | 20,145 | 19,665 | 19,196 | 18,738 | 18,289 | 17,850 | 17,422 | 4,0 |
| 4,1 | 21,016 | 20,511 | 20,018 | 19,537 | 19,064 | 18,604 | 18,152 | 17,713 | 17,281 | 16.860 | 4,1 |
| 4,2 | 20,412 | 19,915 | 19,428 | 18,955 | 18,490 | 18,037 | 17,594 | 17,162 | 16.737 | 16,324 | 4,2 |
| 4,3 | 19,832 | 19,343 | 18,864 | 18,398 | 17,941 | 17,495 | 17,060 | 16,635 | 16,218 | 15,812 | 4,3 |
| 4,4 | 19,277 | 18,795 | 18,324 | 17,864 | 17,416 | 16,977 | 16,549 | 16,132 | 15,723 | 15,325 | 4,4 |
| 4,5 | 18,746 | 18,270 | 17,807 | 17,355 | 16,914 | 16,483 | 16,061 | 15,651 | 15,251 | 14,860 | 4,5 |
| 4,6 | 18,236 | 17,768 | 17,312 | 16,867 | 16,433 | 16,009 | 15,595 | 15,192 | 14,799 | 14,415 | 4,6 |
| 4,7 | 17,747 | 17,286 | 16,838 | 16,400 | 15,973 | 15,556 | 15.150 | 14,754 | 14,368 | 13,991 | 4,7 |
| 4,8 | 17,277 | 16,823 | 16,382 | 15,952 | 15,533 | 15,122 | 14,724 | 14,336 | 13,958 | 13,586 | 4,8 |
| 4,9 | 16,826 | 16,380 | 15,946 | 15,523 | 15,110 | 14,707 | 14,317 | 13,933 | 13,562 | 13,198 | 4,9 |
| 5,0 | 16,393 | 15,954 | 15,528 | 15,111 | 14,707 | 14,310 | 13,926 | 13,550 | 13,185 | 12,829 | 5,0 |
| 5,1 | 15,977 | 15,546 | 15,126 | 14,716 | 14,317 | 13,929 | 13,551 | 13,183 | 12,825 | 12,476 | 5,1 |
| 5,2 | 15,577 | 15,153 | 14,741 | 14,342 | 13,945 | 13,564 | 13,193 | 12,831 | 12,480 | 12,136 | 5,2 |
| 5,3 | 15,193 | 14,776 | 14,370 | 13,977 | 13,589 | 13,212 | 12,850 | 12,494 | 12,150 | 11,812 | 5,3 |
| 5,4 | 14,824 | 14,414 | 14,015 | 13,625 | 13,246 | 12,878 | 12,521 | 12,170 | 11,832 | 11,502 | 5,4 |
| 5,5 | 14,470 | 14,065 | 13,673 | 13,289 | 12,917 | 12,555 | 12,204 | 11,860 | 11,528 | 11,203 | 5,5 |
| 5,6 | 14,127 | 13,730 | 13,344 | 12,967 | 12,602 | 12,246 | 11,900 | 11,564 | 11,237 | 10,918 | 5,6 |
| 5,7 | 13,798 | 13,407 | 13,026 | 12,657 | 12,298 | 11,949 | 11,608 | 11,279 | 10,956 | 10,645 | 5,7 |
| 5,8 | 13,482 | 13,097 | 12,722 | 12,358 | 12,006 | 11,664 | 11,328 | 11,004 | 10,689 | 10,382 | 5,8 |
| 5,9 | 13,178 | 12,799 | 12,430 | 12,073 | 11,726 | 11,389 | 11,059 | 10,741 | 10,432 | 10,130 | 5,9 |
| 6,0 | 12,884 | 12,511 | 12,149 | 11,797 | 11,455 | 11,124 | 10,801 | 10,489 | 10,184 | 9,889 | 6,0 |
| 6,1 | 12,601 | 12,235 | 11,878 | 11,531 | 11,196 | 10,870 | 10,553 | 10,247 | 9,947 | 9,657 | 6,1 |
| 6,2 | 12,329 | 11,968 | 11,617 | 11,276 | 10,946 | 10,625 | 10,314 | 10,013 | 9,719 | 9,434 | 6,2 |
| 6,3 | 12,067 | 11,710 | 11,366 | 11,030 | 10,704 | 10,389 | 10,084 | 9,788 | 9,500 | 9,219 | 6,3 |
| 6,4 | 11,813 | 11,462 | 11,124 | 10,794 | 10,473 | 10,163 | 9,863 | 9,572 | 9,289 | 9,013 | 6,4 |
| 6,5 | 11,569 | 11,223 | 10,890 | 10,564 | 10,251 | 9,945 | 9,651 | 9,364 | 9,087 | 8,815 | 6,5 |
| 6,6 | 11,333 | 10,993 | 10,664 | 10,345 | 10,037 | 9,735 | 9,446 | 9,164 | 8,891 | 8,623 | 6,6 |
| 6,7 | 11,104 | 10,771 | 10,446 | 10,132 | 9,828 | 9,532 | 9,248 | 8,969 | 8,702 | 8,440 | 6,7 |
| 6,8 | 10,884 | 10,555 | 10,236 | 9,927 | 9,628 | 9,338 | 9,057 | 8,783 | 8,520 | 8,263 | 6,8 |
| 6,9 | 10,671 | 10,347 | 10,032 | 9,729 | 9,435 | 9,150 | 8,873 | 8,604 | 8,345 | 8,092 | 6,9 |
| 7,0 | 10,466 | 10,147 | 9,838 | 9,538 | 9,250 | 8,968 | 8,695 | 8,433 | 8,177 | 7,927 | 7,0 |

Formule générale :

$$x = \frac{3(1 + r)\left[1 - \left(\frac{1.03}{1+r}\right)^{n}\right]}{(r - 0,03)[(1,03)^{n} - 1]}$$

## OBLIGATIONS 3 P. 100

**Valeur moyenne au taux** $r$, LA VEILLE DU TIRAGE, **d'une prime de 100 francs**, d'une obligation remboursable par la voie du sort, à l'aide de $n$ annuités.

**Valeurs moyennes successives de l'escompte au taux** $r$, **d'une prime de 100 francs**, calculées pour la veille du premier des tirages annuels restant à effectuer pour compléter l'amortissement de l'emprunt.

| TAUX $r$ p. 100. | NOMBRE $n$ D'ANNUITÉS A REMBOURSER POUR LE COMPLET AMORTISSEMENT DE L'EMPRUNT | | | | | | | | | | TAUX $r$ p. 100. |
|---|---|---|---|---|---|---|---|---|---|---|---|
| | $n = 81$ | $n = 82$ | $n = 83$ | $n = 84$ | $n = 85$ | $n = 86$ | $n = 87$ | $n = 88$ | $n = 89$ | $n = 90$ | |
| | fr. | fr. | fr. | fr. | fr. | fr. | fr. | fr. | fr. | fr. | |
| 4,0 | 17,004 | 16,593 | 16,192 | 15,799 | 15,417 | 15,042 | 14,676 | 14,318 | 13,968 | 13,526 | 4,0 |
| 4,1 | 16,450 | 16,046 | 15,652 | 15,268 | 14,895 | 14,527 | 14,169 | 13,817 | 13,475 | 13,143 | 4,1 |
| 4,2 | 15,922 | 15,526 | 15,141 | 14,763 | 14,396 | 14,037 | 13,687 | 13,341 | 13,007 | 12,682 | 4,2 |
| 4,3 | 15,418 | 15,030 | 14,651 | 14,282 | 13,922 | 13,570 | 13,228 | 12,890 | 12,563 | 12,243 | 4,3 |
| 4,4 | 14,937 | 14,557 | 14,187 | 13,824 | 13,472 | 13,127 | 12,792 | 12,462 | 12,142 | 11,829 | 4,4 |
| 4,5 | 14,479 | 14,100 | 13,744 | 13,388 | 13,043 | 12,706 | 12,377 | 12,055 | 11,742 | 11,437 | 4,5 |
| 4,6 | 14,042 | 13,677 | 13,321 | 12,973 | 12,634 | 12,303 | 11,982 | 11,668 | 11,362 | 11,064 | 4,6 |
| 4,7 | 13,625 | 13,267 | 12,918 | 12,577 | 12,246 | 11,921 | 11,606 | 11,299 | 11,000 | 10,709 | 4,7 |
| 4,8 | 13,227 | 12,875 | 12,534 | 12,200 | 11,875 | 11,557 | 11,249 | 10,949 | 10,657 | 10,371 | 4,8 |
| 4,9 | 12,847 | 12,501 | 12,167 | 12,840 | 11,522 | 11,211 | 10,910 | 10,616 | 10,330 | 10,050 | 4,9 |
| 5,0 | 12,483 | 12,145 | 11,817 | 11,496 | 11,185 | 10,881 | 10,586 | 10,297 | 10,017 | 9,744 | 5,0 |
| 5,1 | 12,135 | 11,803 | 11,482 | 11,168 | 10,863 | 10,566 | 10,276 | 9,994 | 9,719 | 9,453 | 5,1 |
| 5,2 | 11,802 | 11,478 | 11,161 | 10,855 | 10,556 | 10,265 | 9,981 | 9,705 | 9,437 | 9,175 | 5,2 |
| 5,3 | 11,485 | 11,166 | 10,856 | 10,555 | 10,262 | 9,977 | 9,700 | 9,430 | 9,167 | 8,911 | 5,3 |
| 5,4 | 11,181 | 10,868 | 10,564 | 10,269 | 9,981 | 9,703 | 9,432 | 9,167 | 8,910 | 8,659 | 5,4 |
| 5,5 | 10,889 | 10,582 | 10,284 | 9,995 | 9,714 | 9,440 | 9,176 | 8,916 | 8,664 | 8,419 | 5,5 |
| 5,6 | 10,609 | 10,309 | 10,017 | 9,733 | 9,458 | 9,189 | 8,930 | 8,676 | 8,429 | 8,189 | 5,6 |
| 5,7 | 10,342 | 10,046 | 9,762 | 9,483 | 9,213 | 8,949 | 8,695 | 8,445 | 8,204 | 7,970 | 5,7 |
| 5,8 | 10,086 | 9,796 | 9,516 | 9,243 | 8,978 | 8,720 | 8,470 | 8,226 | 7,990 | 7,761 | 5,8 |
| 5,9 | 9,840 | 9,555 | 9,280 | 9,013 | 8,752 | 8,500 | 8,255 | 8,017 | 7,785 | 7,560 | 5,9 |
| 6,0 | 9,603 | 9,324 | 9,053 | 8,792 | 8,537 | 8,289 | 8,049 | 7,815 | 7,589 | 7,368 | 6,0 |
| 6,1 | 9,386 | 9,102 | 8,837 | 8,580 | 8,331 | 8,087 | 7,852 | 7,623 | 7,401 | 7,185 | 6,1 |
| 6,2 | 9,157 | 8,889 | 8,630 | 8,377 | 8,132 | 7,894 | 7,663 | 7,438 | 7,221 | 7,009 | 6,2 |
| 6,3 | 8,947 | 8,685 | 8,430 | 8,181 | 7,941 | 7,708 | 7,481 | 7,261 | 7,048 | 6,840 | 6,3 |
| 6,4 | 8,746 | 8,488 | 8,238 | 7,994 | 7,759 | 7,529 | 7,307 | 7,092 | 6,882 | 6,679 | 6,4 |
| 6,5 | 8,553 | 8,299 | 8,054 | 7,815 | 7,584 | 7.358 | 7,140 | 6,929 | 6,724 | 6,524 | 6,5 |
| 6,6 | 8,368 | 8,117 | 7,877 | 7,642 | 7,415 | 7,194 | 6,980 | 6,772 | 6,571 | 6,375 | 6,6 |
| 6,7 | 8,189 | 7,943 | 7,707 | 7,475 | 7,252 | 7,035 | 6,826 | 6,621 | 6,424 | 6.232 | 6,7 |
| 6,8 | 8,016 | 7,775 | 7,542 | 7,315 | 7,096 | 6,883 | 6,677 | 6,477 | 6,284 | 6,096 | 6,8 |
| 6,9 | 7,850 | 7,612 | 7,383 | 7,161 | 6,946 | 6,737 | 6,535 | 6,339 | 6,149 | 5,965 | 6,9 |
| 7,0 | 7,688 | 7,456 | 7,231 | 7,013 | 6,802 | 6,597 | 6,399 | 6,206 | 6,019 | 5,838 | 7,0 |

# TABLE I.

**Formule générale :**

$$x = \frac{3(1+r)\left[1 - \left(\frac{1,03}{1+r}\right)^{n}\right]}{(r - 0,03)\,[(1,03)^{n} - 1]}$$

## OBLIGATIONS 3 P. 100

**Valeur moyenne au taux $r$, LA VEILLE DU TIRAGE, d'une prime de 100 francs,** d'une obligation remboursable par la voie du sort, à l'aide de $n$ annuités.

**Valeurs moyennes successives de l'escompte au taux $r$, d'une prime de 100 francs,** calculées pour la veille du premier des tirages annuels restant à effectuer pour compléter l'amortissement de l'emprunt.

| TAUX $r$ p. 100. | NOMBRES $n$ D'ANNUITÉS A REMBOURSER POUR LE COMPLET AMORTISSEMENT DE L'EMPRUNT | | | | | | | | | | TAUX $r$ p. 100. |
|---|---|---|---|---|---|---|---|---|---|---|---|
| | $n = 91$ | $n = 92$ | $n = 93$ | $n = 94$ | $n = 95$ | $n = 96$ | $n = 97$ | $n = 98$ | $n = 99$ | $n = 100$ | |
| | fr. | fr. | fr. | fr. | fr. | fr. | fr. | fr. | fr. | fr. | |
| 4,0 | 13,292 | 12,965 | 12,647 | 12,335 | 12,031 | 11,732 | 11,442 | 11,157 | 10,879 | 10,609 | 4,0 |
| 4,1 | 12,815 | 12,497 | 12,186 | 11,879 | 11,583 | 11,293 | 11,010 | 10,733 | 10,461 | 10,198 | 4,1 |
| 4,2 | 12,361 | 12,050 | 11,748 | 11,448 | 11,159 | 10,876 | 10,600 | 10,332 | 10,065 | 9,810 | 4,2 |
| 4,3 | 11,931 | 11,628 | 11,331 | 11,040 | 10,758 | 10,482 | 10,312 | 9,951 | 9,692 | 9,442 | 4,3 |
| 4,4 | 11,524 | 11,227 | 10,938 | 10,654 | 10,379 | 10,109 | 9,847 | 9,590 | 9,339 | 9,096 | 4,4 |
| 4,5 | 11,138 | 10,848 | 10,567 | 10,290 | 10,021 | 9,757 | 9,501 | 9,250 | 9,007 | 8,770 | 4,5 |
| 4,6 | 10.772 | 10,488 | 10,214 | 9,943 | 9,681 | 9,423 | 9,173 | 8,929 | 8,691 | 8,461 | 4,6 |
| 4,7 | 10,425 | 10,147 | 9,877 | 9,614 | 9,357 | 9,107 | 8,863 | 8,625 | 8,393 | 8,168 | 4,7 |
| 4,8 | 10,094 | 9,823 | 9,559 | 9.301 | 9,050 | 8,806 | 8,568 | 8,337 | 8,111 | 7,891 | 4,8 |
| 4,9 | 9,779 | 9,514 | 9,256 | 9,003 | 8,759 | 8,522 | 8,290 | 8,064 | 7,843 | 7,630 | 4,9 |
| 5,0 | 9,478 | 9,220 | 8,968 | 8,721 | 8,483 | 8,251 | 8,025 | 7,805 | 7,590 | 7,382 | 5,0 |
| 5,1 | 9,194 | 8,941 | 8,695 | 8,453 | 8,221 | 7,994 | 7,773 | 7,559 | 7,349 | 7,147 | 5,1 |
| 5,2 | 8,922 | 8,675 | 8,434 | 8,198 | 7,971 | 7,750 | 7,535 | 7,326 | 7,120 | 6,924 | 5,2 |
| 5,3 | 8,664 | 8,422 | 8,186 | 7,958 | 7,735 | 7,518 | 7,309 | 7,104 | 6,904 | 6,712 | 5,3 |
| 5,4 | 8,417 | 8,180 | 7,950 | 7,726 | 7,509 | 7,298 | 7,093 | 6,893 | 6,097 | 6,511 | 5,4 |
| 5,5 | 8,182 | 7,950 | 7,726 | 7,508 | 7,294 | 7,088 | 6,887 | 6,692 | 6,501 | 6,319 | 5,5 |
| 5,6 | 7,957 | 7,731 | 7,512 | 7,299 | 7,090 | 6,887 | 6,691 | 6,501 | 6,315 | 6,136 | 5,6 |
| 5,7 | 7,742 | 7,522 | 7,307 | 7,098 | 6,895 | 6,696 | 6,505 | 6,319 | 6,137 | 5,962 | 5,7 |
| 5,8 | 7,538 | 7,322 | 7,111 | 6,906 | 6,708 | 6,514 | 6,327 | 6,145 | 5,968 | 5,797 | 5,8 |
| 5,9 | 7,342 | 7,131 | 6,924 | 6,723 | 6,530 | 6,340 | 6,157 | 5,979 | 5,806 | 5,639 | 5,9 |
| 6,0 | 7,155 | 6,946 | 6,746 | 6.550 | 6,360 | 6,175 | 5,995 | 5,822 | 5,653 | 5,489 | 6,0 |
| 6,1 | 6,976 | 6,772 | 6,576 | 6,383 | 6,199 | 6,017 | 5,842 | 5,671 | 5,506 | 5,346 | 6,1 |
| 6,2 | 6,804 | 6,605 | 6,412 | 6,225 | 6,044 | 5,865 | 5,695 | 5,526 | 5,366 | 5,208 | 6,2 |
| 6,3 | 6,640 | 6,445 | 6,256 | 6,072 | 5,895 | 5,720 | 5,553 | 5,389 | 5,231 | 5,078 | 6,3 |
| 6,4 | 6,482 | 6,292 | 6,105 | 5,925 | 5,752 | 5,582 | 5,418 | 5,257 | 5,103 | 4,953 | 6,4 |
| 6,5 | 6,331 | 6,145 | 5,962 | 5,786 | 5,614 | 5,450 | 5,289 | 5,131 | 4,980 | 4,833 | 6,5 |
| 6,6 | 6,185 | 6,001 | 5,825 | 5,652 | 5,483 | 5,323 | 5,165 | 5,010 | 4,863 | 4,720 | 6,6 |
| 6,7 | 6,047 | 5,867 | 5,693 | 5,523 | 5,359 | 5,200 | 5,046 | 4,895 | 4,750 | 4,609 | 6,7 |
| 6,8 | 5,915 | 5,736 | 5,566 | 5,399 | 5,240 | 5,083 | 4,932 | 4,785 | 4,643 | 4,505 | 6,8 |
| 6,9 | 5,787 | 5,612 | 5,446 | 5,281 | 5,125 | 4,971 | 4,823 | 4,679 | 4,539 | 4,404 | 6,9 |
| 7,0 | 5,662 | 5,492 | 5,329 | 5,169 | 5,014 | 4,864 | 4,718 | 4,576 | 4,439 | 4,308 | 7,0 |

# OBLIGATIONS DIVERSES

**Valeurs moyennes, à 5 p. 100, la veille du tirage, d'une prime de 100 francs**

des différentes obligations énoncées ci-dessous, remboursable par voie de tirage au sort et à l'aide de n annuités.

**ou valeurs moyennes successives de l'escompte, à 5 p. 100, d'une prime de 100 francs,**

la veille du premier des tirages restant à effectuer pour le complet amortissement de l'emprunt.





| n NOMBRES D'ANNUITÉS. | OBLIGATIONS 3 p. 100.<br>RETENU : 15f. REMBOURSEMENT : 500f. TAUX = 15/500 = 0,03. | OBLIGATIONS DE L'EST.<br>RETENU : 25f. REMBOURSEMENT : 650f. TAUX = 25/650 = 0,03846… | OBLIGATIONS 4 p. 100.<br>RETENU : 20f, 25f, 50f. REMBOURSEMENT : 500f, 625f, 1250f. TAUX = 20/500 = 25/625 = 50/1250 = 0,04. | OBLIGATIONS 5 p. 100.<br>RETENU : 25f. REMBOURSEMENT : 500f. TAUX = 25/500 = 0,05. |
|---|---|---|---|---|
| | fr. | fr. | fr. | fr. |
| 1 | 100,000 | 100,000 | 100,000 | 100,000 |
| 2 | 97,584 | 97,570 | 97,572 | 97,561 |
| 3 | 95,223 | 95,192 | 95,193 | 95,163 |
| 4 | 92,914 | 92,863 | 92,860 | 92,805 |
| 5 | 90,658 | 90,580 | 90,574 | 90,487 |
| 6 | 88,452 | 88,344 | 88,322 | 88,210 |
| 7 | 86,297 | 86,155 | 86,137 | 85,974 |
| 8 | 84,190 | 84,011 | 83,983 | 83,778 |
| 9 | 82,133 | 81,912 | 81,876 | 81,621 |
| 10 | 80,121 | 79,856 | 79,812 | 79,505 |
| 11 | 78,156 | 77,842 | 77,790 | 77,428 |
| 12 | 76,236 | 75,872 | 75,810 | 75,391 |
| 13 | 74,359 | 73,942 | 73,873 | 73,395 |
| 14 | 72,526 | 72,056 | 71,975 | 71,434 |
| 15 | 70,735 | 70,210 | 70,119 | 69,514 |
| 16 | 68,987 | 68,402 | 68,303 | 67,633 |
| 17 | 67,278 | 66,632 | 66,525 | 65,789 |
| 18 | 65,608 | 64,902 | 64,786 | 63,983 |
| 19 | 63,977 | 63,215 | 63,085 | 62,215 |
| 20 | 62,384 | 61,564 | 61,421 | 60,485 |
| 21 | 60,831 | 59,919 | 59,794 | 58,792 |
| 22 | 59,312 | 58,369 | 58,210 | 57,135 |
| 23 | 57,828 | 56,825 | 56,650 | 55,515 |
| 24 | 56,378 | 55,316 | 55,130 | 53,930 |
| 25 | 54,964 | 53,842 | 53,646 | 52,381 |
| 26 | 53,581 | 52,402 | 52,194 | 50,867 |
| 27 | 52,242 | 50,995 | 50,778 | 49,388 |
| 28 | 50,917 | 49,620 | 49,393 | 47,943 |
| 29 | 49,631 | 48,277 | 48,042 | 46,533 |
| 30 | 48,377 | 46,967 | 46,721 | 45,155 |
| 31 | 47,151 | 45,688 | 45,431 | 43,810 |
| 32 | 45,955 | 44,437 | 44,172 | 42,498 |
| 33 | 44,787 | 43,218 | 42,945 | 41,217 |
| 34 | 43,648 | 42,027 | 41,746 | 39,966 |
| 35 | 42,536 | 40,866 | 40,574 | 38,751 |
| 36 | 41,451 | 39,732 | 39,434 | 37,564 |
| 37 | 40,396 | 38,627 | 38,319 | 36,407 |
| 38 | 39,359 | 37,547 | 37,234 | 35,280 |
| 39 | 38,349 | 36,495 | 36,176 | 34,182 |
| 40 | 37,365 | 35,468 | 35,142 | 33,113 |
| 41 | 36,404 | 34,468 | 34,136 | 32,072 |
| 42 | 35,467 | 33,492 | 33,154 | 31,058 |
| 43 | 34,553 | 32,542 | 32,107 | 30,072 |
| 44 | 33,661 | 31,615 | 31,265 | 29,112 |
| 45 | 32,793 | 30,712 | 30,356 | 28,178 |
| 46 | 31,942 | 29,837 | 29,470 | 27,270 |
| 47 | 31,117 | 28,974 | 28,608 | 26,387 |
| 48 | 30,306 | 28,138 | 27,768 | 25,529 |
| 49 | 29,519 | 27,324 | 26,950 | 24,695 |
| 50 | 28,750 | 26,531 | 26,153 | 23,884 |
| 51 | 28,000 | 25,758 | 25,379 | 23,096 |
| 52 | 27,271 | 25,006 | 24,624 | 22,331 |
| 53 | 26,559 | 24,274 | 23,889 | 21,588 |
| 54 | 25,863 | 23,561 | 23,174 | 20,867 |
| 55 | 25,166 | 22,867 | 22,478 | 20,167 |
| 56 | 24,524 | 22,191 | 21,801 | 19,788 |
| 57 | 23,881 | 21,534 | 21,142 | 18,829 |
| 58 | 23,252 | 20,894 | 20,501 | 18,190 |
| 59 | 22,640 | 20,272 | 19,879 | 17,570 |
| 60 | 22,043 | 19,666 | 19,273 | 16,969 |
| 61 | 21,460 | 19,077 | 18,684 | 16,386 |
| 62 | 20,893 | 18,504 | 18,111 | 15,821 |
| 63 | 20,338 | 17,947 | 17,555 | 15,273 |
| 64 | 19,801 | 17,405 | 17,013 | 14,743 |
| 65 | 19,270 | 16,878 | 16,487 | 14,231 |
| 66 | 18,763 | 16,366 | 15,976 | 13,734 |
| 67 | 18,265 | 15,868 | 15,479 | 13,251 |
| 68 | 17,779 | 15,384 | 14,996 | 12,763 |
| 69 | 17,305 | 14,914 | 14,527 | 12,332 |
| 70 | 16,843 | 14,457 | 14,072 | 11,895 |
| 71 | 16,393 | 14,013 | 13,431 | 11,471 |
| 72 | 15,954 | 13,581 | 13,199 | 11,062 |
| 73 | 15,528 | 13,162 | 12,786 | 10,666 |
| 74 | 15,111 | 12,755 | 12,380 | 10,283 |
| 75 | 14,707 | 12,359 | 11,987 | 9,912 |
| 76 | 14,310 | 11,975 | 11,606 | 9,554 |
| 77 | 13,926 | 11,602 | 11,235 | 9,208 |
| 78 | 13,550 | 11,289 | 10,876 | 8,873 |
| 79 | 13,185 | 10,887 | 10,526 | 8,550 |
| 80 | 12,829 | 10,546 | 10,189 | 8,237 |
| 81 | 12,483 | 10,215 | 9,862 | 7,936 |
| 82 | 12,145 | 9,893 | 9,543 | 7,644 |
| 83 | 11,817 | 9,581 | 9,235 | 7,362 |
| 84 | 11,496 | 9,278 | 8,936 | 7,089 |
| 85 | 11,185 | 8,984 | 8,646 | 6,827 |
| 86 | 10,881 | 8,698 | 8,364 | 6,573 |
| 87 | 10,586 | 8,422 | 8,091 | 6,328 |
| 88 | 10,297 | 8,153 | 7,827 | 6,092 |
| 89 | 10,017 | 7,893 | 7,571 | 5,864 |
| 90 | 9,745 | 7,640 | 7,322 | 5,644 |
| 91 | 9,478 | 7,395 | 7,081 | 5,432 |
| 92 | 9,220 | 7,157 | 6,848 | 5,227 |
| 93 | 8,968 | 6,927 | 6,622 | 5,030 |
| 94 | 8,721 | 6,703 | 6,403 | 4,839 |
| 95 | 8,483 | 6,487 | 6,191 | 4,655 |
| 96 | 8,251 | 6,277 | 5,985 | 4,478 |
| 97 | 8,025 | 6,074 | 5,787 | 4,308 |
| 98 | 7,805 | 5,876 | 5,593 | 4,148 |
| 99 | 7,600 | 5,685 | 5,406 | 3,984 |
| 100 | 7,382 | 5,500 | 5,226 | 3,831 |

# CAPITALISATION A 5 P. 100

en tenant compte de la valeur moyenne de la prime de remboursement, des obligations ci-dessous désignées, remboursables par voie de tirages au sort à l'aide de $n$ annuités.

### ou valeurs moyennes successives, à 5 p. 100,

qu'acquièrent les obligations ci-dessous, la veille du premier des tirages restant à effectuer, pour le complet amortissement de l'emprunt.

(TABLEAU POUVANT SERVIR A COMPARER ENTRE ELLES LES OBLIGATIONS DE TAUX NOMINAUX DIFFÉRENTS.)

| NOMBRE D'ANNUITÉS n. | OBLIGAT. 3 P. 100 REVENU 15f. chiffre de remboursement 500f. | OBLIGATIONS 4 P. 100 REVENU 20f. chiffre de remboursement 500f. | OBLIGATIONS 4 P. 100 REVENU 25f. chiffre de remboursement 625f. | OBLIGATIONS 4 P. 100 REVENU 50f. chiffre de remboursement 1250f. | OBLIGAT. DE L'EST REVENU 25f. chiffre de remboursement 650f. |
|---|---|---|---|---|---|
| | fr. | fr. | fr. | fr. | fr. |
| 1 | 500,00 | 500,00 | 625,00 | 1250,00 | 650,00 |
| 2 | 495,17 | 497,57 | 621,97 | 1243,93 | 646,36 |
| 3 | 490,45 | 495,19 | 618,99 | 1237,98 | 642,79 |
| 4 | 485,83 | 492,86 | 616,08 | 1332,15 | 639,29 |
| 5 | 481,31 | 490,57 | 613,22 | 1226,44 | 635,87 |
| 6 | 476,90 | 488,32 | 610,40 | 1220,81 | 632,52 |
| 7 | 472,59 | 486,14 | 607,67 | 1215,34 | 629,23 |
| 8 | 468,38 | 483,98 | 604,98 | 1209,96 | 626,02 |
| 9 | 464,26 | 481,88 | 602,35 | 1204,69 | 622,87 |
| 10 | 460,24 | 479,81 | 599,77 | 1199,53 | 619,78 |
| 11 | 456,31 | 477,79 | 597,24 | 1194,48 | 616,76 |
| 12 | 452,47 | 475,81 | 594,76 | 1189,53 | 613,81 |
| 13 | 448,72 | 473,87 | 592,34 | 1184,68 | 610,91 |
| 14 | 445,05 | 471,98 | 589,97 | 1179,94 | 608,08 |
| 15 | 441,47 | 470,12 | 587,65 | 1175,30 | 605,32 |
| 16 | 437,97 | 468,30 | 585,38 | 1170,76 | 602,60 |
| 17 | 434,55 | 466,53 | 583,16 | 1166,31 | 599,95 |
| 18 | 431,21 | 464,79 | 580,98 | 1161,97 | 597,85 |
| 19 | 427,95 | 463,09 | 578,84 | 1157,71 | 594,82 |
| 20 | 424,77 | 461,42 | 576,78 | 1153,55 | 592,35 |
| 21 | 421,66 | 459,79 | 574,74 | 1149,49 | 589,92 |
| 22 | 418,62 | 458,21 | 572,76 | 1145,53 | 587,55 |
| 23 | 415,65 | 456,65 | 570,81 | 1141,63 | 585,24 |
| 24 | 412,75 | 455,13 | 568,91 | 1137,83 | 582,97 |
| 25 | 409,92 | 453,65 | 567,06 | 1134,12 | 580,76 |
| 26 | 407,16 | 452,19 | 565,21 | 1130,49 | 578,60 |
| 27 | 404,46 | 450,76 | 563,47 | 1126,95 | 576,40 |
| 28 | 401,83 | 449,39 | 561,74 | 1123,48 | 574,43 |
| 29 | 399,26 | 448,04 | 560,05 | 1120,11 | 572,47 |
| 30 | 396,75 | 446,72 | 558,40 | 1116,81 | 570,45 |
| 31 | 394,30 | 445,43 | 556,79 | 1113,58 | 568,53 |
| 32 | 391,91 | 444,17 | 555,22 | 1110,43 | 566,66 |
| 33 | 389,58 | 442,95 | 553,69 | 1107,36 | 564,83 |
| 34 | 387,29 | 441,75 | 552,18 | 1104,37 | 563,04 |
| 35 | 385,07 | 440,57 | 550,72 | 1101,44 | 561,30 |
| 36 | 382,90 | 439,43 | 549,29 | 1098,59 | 559,60 |
| 37 | 380,78 | 438,32 | 547,90 | 1095,80 | 557,94 |
| 38 | 378,72 | 437,23 | 546,54 | 1093,09 | 556,32 |
| 39 | 376,70 | 436,17 | 545,22 | 1090,44 | 554,74 |
| 40 | 374,73 | 435,14 | 543,93 | 1087,86 | 553,20 |
| 41 | 372,81 | 434,13 | 542,67 | 1085,34 | 551,70 |
| 42 | 370,93 | 433,15 | 541,44 | 1082,89 | 550,24 |
| 43 | 369,11 | 432,20 | 540,25 | 1080,49 | 548,81 |
| 44 | 367,32 | 431,27 | 539,08 | 1078,16 | 547,42 |
| 45 | 365,58 | 430,36 | 537,95 | 1075,89 | 546,07 |
| 46 | 363,88 | 429,47 | 536,84 | 1073,68 | 544,75 |
| 47 | 362,23 | 428,61 | 535,76 | 1071,52 | 543,46 |
| 48 | 360,61 | 427,77 | 534,71 | 1069,42 | 542,21 |
| 49 | 359,04 | 426,95 | 533,69 | 1067,38 | 540,99 |
| 50 | 357,50 | 426,15 | 532,69 | 1065,38 | 539,80 |
| 51 | 356,00 | 425,38 | 531,72 | 1063,44 | 538,64 |
| 52 | 354,54 | 424,62 | 530,78 | 1061,56 | 537,51 |
| 53 | 353,12 | 423,89 | 529,86 | 1059,72 | 536,41 |
| 54 | 351,72 | 423,17 | 528,97 | 1057,94 | 535,34 |
| 55 | 350,37 | 422,48 | 528,10 | 1056,20 | 534,30 |
| 56 | 349,05 | 421,80 | 527,25 | 1054,50 | 533,29 |
| 57 | 347,76 | 421,14 | 526,43 | 1052,86 | 532,30 |
| 58 | 346,50 | 420,50 | 525,63 | 1051,25 | 531,34 |
| 59 | 345,28 | 419,88 | 524,85 | 1049,70 | 530,40 |
| 60 | 344,09 | 419,21 | 524,09 | 1048,18 | 529,50 |
| 61 | 342,92 | 418,68 | 523,36 | 1046,71 | 528,62 |
| 62 | 341,78 | 418,11 | 522,64 | 1045,28 | 527,76 |
| 63 | 340,68 | 417,56 | 521,94 | 1043,89 | 526,92 |
| 64 | 339,60 | 417,01 | 521,27 | 1042,53 | 526,11 |
| 65 | 338,55 | 416,49 | 520,61 | 1041,22 | 525,32 |
| 66 | 337,52 | 415,98 | 519,97 | 1039,94 | 524,55 |
| 67 | 336,53 | 415,48 | 519,35 | 1038,70 | 523,80 |
| 68 | 335,56 | 415,00 | 518,75 | 1037,49 | 523,08 |
| 69 | 334,61 | 414,53 | 518,16 | 1036,32 | 522,37 |
| 70 | 333,68 | 414,07 | 517,59 | 1035,18 | 521,69 |
| 71 | 332,78 | 413,63 | 517,04 | 1034,08 | 521,02 |
| 72 | 331,91 | 413,20 | 516,50 | 1033,00 | 520,37 |
| 73 | 331,06 | 412,79 | 515,98 | 1031,97 | 519,74 |
| 74 | 330,22 | 412,38 | 515,48 | 1030,95 | 519,13 |
| 75 | 329,41 | 411,99 | 514,90 | 1029,97 | 518,54 |
| 76 | 328,62 | 411,61 | 514,51 | 1029,02 | 517,96 |
| 77 | 327,85 | 411,24 | 514,04 | 1028,09 | 517,40 |
| 78 | 327,10 | 410,88 | 513,60 | 1027,19 | 516,86 |
| 79 | 326,31 | 410,53 | 513,16 | 1026,32 | 516,33 |
| 80 | 325,66 | 410,19 | 512,74 | 1025,47 | 515,82 |
| 81 | 324,90 | 409,86 | 512,33 | 1024,06 | 515,32 |
| 82 | 324,29 | 409,54 | 511,93 | 1023,86 | 514,84 |
| 83 | 323,63 | 409,24 | 511,54 | 1023,09 | 514,37 |
| 84 | 322,99 | 408,94 | 511,17 | 1022,34 | 513,92 |
| 85 | 322,37 | 408,65 | 510,81 | 1021,62 | 513,48 |
| 86 | 321,76 | 408,36 | 510,46 | 1020,81 | 513,05 |
| 87 | 321,17 | 408,09 | 510,11 | 1020,23 | 512,63 |
| 88 | 320,59 | 407,83 | 509,78 | 1019,57 | 512,23 |
| 89 | 320,03 | 407,57 | 509,46 | 1018,93 | 511,84 |
| 90 | 319,49 | 407,32 | 509,15 | 1018,31 | 511,46 |
| 91 | 318,95 | 407,08 | 508,85 | 1017,70 | 511,09 |
| 92 | 318,44 | 406,85 | 508,56 | 1017,12 | 510,74 |
| 93 | 317,93 | 406,62 | 508,28 | 1016,56 | 510,39 |
| 94 | 317,44 | 406,40 | 508,00 | 1016,01 | 510,05 |
| 95 | 316,94 | 406,19 | 507,74 | 1015,48 | 509,73 |
| 96 | 316,50 | 405,99 | 507,48 | 1014,96 | 509,42 |
| 97 | 316,05 | 405,79 | 507,23 | 1014,47 | 509,11 |
| 98 | 315,61 | 405,59 | 506,99 | 1013,98 | 508,81 |
| 99 | 315,18 | 405,41 | 506,76 | 1013,52 | 508,53 |
| 100 | 314,76 | 405,23 | 506,53 | 1013,07 | 508,25 |

# OBLIGATIONS DE L'OUEST 3 P. 100.

Valeurs moyennes successives, capitalisées à 5 p. 100, la veille et le lendemain des tirages effectués aux différentes époques de l'amortissement de l'emprunt.

Valeur à 5 p. 100 de la déception ou de l'ajournement du remboursement de la prime.

| ANNÉES de l'amortissement de L'EMPRUNT. | NOMBRES D'OBLIGATIONS restant à solder. | VALEUR A 5 P. 100 LA VEILLE du TIRAGE. | VALEUR A 5 P. 100 LE LENDEMAIN du TIRAGE. | DIFFÉRENCE ou DÉCEPTION. |
|---|---|---|---|---|
| | | fr. | fr. | fr. |
| 1951 | 1 | 500,00 | | |
| 1950 | 2 | 495,17 | 490,48 | 4,69 |
| 1949 | 3 | 490,45 | 485,87 | 4,58 |
| 1948 | 4 | 485,83 | 481,38 | 4,45 |
| 1947 | 5 | 481,31 | 476,98 | 4,33 |
| 1946 | 6 | 476,90 | 472,68 | 4,22 |
| 1945 | 7 | 472,59 | 468,48 | 4,11 |
| 1944 | 8 | 468,38 | 464,38 | 4,00 |
| 1943 | 9 | 464,26 | 460,36 | 3,90 |
| 1942 | 10 | 460,24 | 456,44 | 3,80 |
| 1941 | 11 | 456,31 | 452,61 | 3,70 |
| 1940 | 12 | 452,47 | 448,87 | 3,60 |
| 1939 | 13 | 448,72 | 445,21 | 3,51 |
| 1938 | 14 | 445,05 | 441,64 | 3,41 |
| 1937 | 15 | 441,47 | 438,15 | 3,32 |
| 1936 | 16 | 437,97 | 434,74 | 3,23 |
| 1935 | 17 | 434,56 | 431,40 | 3,16 |
| 1934 | 18 | 431,21 | 428,15 | 3,06 |
| 1933 | 19 | 427,95 | 424,97 | 2,98 |
| 1932 | 20 | 424,77 | 421,86 | 2,91 |
| 1931 | 21 | 421,66 | 418,82 | 2,84 |
| 1930 | 22 | 418,62 | 415,87 | 2,75 |
| 1929 | 23 | 415,65 | 412,97 | 2,68 |
| 1928 | 24 | 412,76 | 410,15 | 2,61 |
| 1927 | 25 | 409,93 | 407,39 | 2,54 |
| 1926 | 26 | 407,16 | 404,69 | 2,47 |
| 1925 | 27 | 404,46 | 402,06 | 2,40 |
| 1924 | 28 | 401,83 | 399,49 | 2,34 |
| 1923 | 29 | 399,26 | 396,98 | 2,28 |
| 1922 | 30 | 396,75 | 394,53 | 2,22 |
| 1921 | 31 | 394,30 | 392,14 | 2,16 |
| 1920 | 32 | 391,91 | 389,84 | 2,10 |

| ANNÉES de l'amortissement de L'EMPRUNT. | NOMBRES D'OBLIGATIONS restant à solder. | VALEUR A 5 P. 100 LA VEILLE du TIRAGE. | VALEUR A 5 P. 100 LE LENDEMAIN du TIRAGE. | DIFFÉRENCE ou DÉCEPTION. |
|---|---|---|---|---|
| | | fr. | fr. | fr. |
| 1919 | 33 | 389,58 | 387,53 | 2,05 |
| 1918 | 34 | 387,29 | 385,31 | 1,98 |
| 1917 | 35 | 385,07 | 383,14 | 1,93 |
| 1916 | 36 | 382,90 | 381,02 | 1,88 |
| 1915 | 37 | 380,78 | 378,95 | 1,83 |
| 1914 | 38 | 378,72 | 376,94 | 1,78 |
| 1913 | 39 | 376,70 | 374,97 | 1,73 |
| 1912 | 40 | 374,73 | 373,05 | 1,69 |
| 1911 | 41 | 372,81 | 371,17 | 1,64 |
| 1910 | 42 | 370,93 | 369,34 | 1,59 |
| 1909 | 43 | 369,11 | 367,56 | 1,55 |
| 1908 | 44 | 367,32 | 365,81 | 1,51 |
| 1907 | 45 | 365,58 | 364,12 | 1,46 |
| 1906 | 46 | 363,88 | 362,46 | 1,42 |
| 1905 | 47 | 362,23 | 360,84 | 1,39 |
| 1904 | 48 | 360,61 | 359,26 | 1,35 |
| 1903 | 49 | 359,04 | 357,73 | 1,31 |
| 1902 | 50 | 357,50 | 356,23 | 1,27 |
| 1901 | 51 | 356,00 | 354,76 | 1,24 |
| 1900 | 52 | 354,54 | 353,33 | 1,21 |
| 1899 | 53 | 353,12 | 351,94 | 1,18 |
| 1898 | 54 | 351,72 | 350,58 | 1,14 |
| 1897 | 55 | 350,37 | 349,26 | 1,11 |
| 1896 | 56 | 349,05 | 347,97 | 1,08 |
| 1895 | 57 | 347,76 | 346,71 | 1,05 |
| 1894 | 58 | 346,50 | 345,49 | 1,01 |
| 1893 | 59 | 345,28 | 344,29 | 0,99 |
| 1892 | 60 | 344,09 | 343,12 | 0,97 |
| 1891 | 61 | 342,92 | 341,99 | 0,93 |
| 1890 | 62 | 341,78 | 340,87 | 0,91 |
| 1889 | 63 | 340,68 | 339,80 | 0,88 |
| 1888 | 64 | 339,60 | 338,74 | 0,86 |

| ANNÉES de l'amortissement de L'EMPRUNT. | NOMBRES D'OBLIGATIONS restant à solder. | VALEUR A 5 P. 100 LA VEILLE du TIRAGE. | VALEUR A 5 P. 100 LE LENDEMAIN du TIRAGE. | DIFFÉRENCE ou DÉCEPTION. |
|---|---|---|---|---|
| | | fr. | fr. | fr. |
| 1887 | 65 | 338,55 | 337,71 | 0,84 |
| 1886 | 66 | 337,52 | 336,71 | 0,81 |
| 1885 | 67 | 336,53 | 335,74 | 0,79 |
| 1884 | 68 | 335,56 | 334,79 | 0,77 |
| 1883 | 69 | 334,01 | 333,86 | 0,75 |
| 1882 | 70 | 333,68 | 332,96 | 0,72 |
| 1881 | 71 | 332,78 | 332,08 | 0,70 |
| 1880 | 72 | 331,91 | 331,23 | 0,68 |
| 1879 | 73 | 331,06 | 330,39 | 0,67 |
| 1878 | 74 | 330,22 | 329,57 | 0,65 |
| 1877 | 75 | 329,41 | 328,78 | 0,63 |
| 1876 | 76 | 328,62 | 328,01 | 0,61 |
| 1875 | 77 | 327,85 | 327,26 | 0,59 |
| 1874 | 78 | 327,10 | 326,52 | 0,58 |
| 1873 | 79 | 326,37 | 325,81 | 0,56 |
| 1872 | 80 | 325,06 | 325,12 | 0,54 |
| 1871 | 81 | 324,96 | 324,44 | 0,52 |
| 1870 | 82 | 324,29 | 323,78 | 0,51 |
| 1869 | 83 | 323,63 | 323,13 | 0,50 |
| 1868 | 84 | 322,99 | 322,51 | 0,48 |
| 1867 | 83 | 322,37 | 321,90 | 0,47 |
| 1866 | 86 | 321,76 | 321,30 | 0,46 |
| 1865 | 87 | 321,17 | 320,73 | 0,44 |
| 1864 | 88 | 320,59 | 320,16 | 0,43 |
| 1863 | 89 | 320,03 | 319,61 | 0,42 |
| 1862 | 90 | 319,49 | 319,08 | 0,41 |
| 1861 | 91 | 318,95 | 318,55 | 0,40 |
| 1860 | 92 | 318,44 | 318,05 | 0,39 |
| 1859 | 93 | 317,93 | 317,56 | 0,37 |
| 1858 | 94 | 317,44 | 317,08 | 0,30 |

Formule générale :

$$D = \frac{3}{r-0,03}\left[(1+r)\,\frac{1-\left(\frac{1,03}{1+r}\right)^{n}}{(1,03)^{n}-1} - \frac{1-\left(\frac{1,03}{1+r}\right)^{n-1}}{(1,03)^{n-1}-1}\right]$$

## OBLIGATIONS 3 P. 100

Déception, ou différence entre les valeurs de la veille et du lendemain des tirages, d'une prime de 100 francs, d'une obligation remboursable en $n$ annuités.

Valeurs calculées aux différents taux ci-dessous, afin de mettre en évidence l'influence du taux sur le chiffre de la déception.

| NOMBRES $n$ D'ANNUITÉS | 4 P. 100 | 5 P. 100 | 6 P. 100 | 7 P. 100 | NOMBRES $n$ D'ANNUITÉS | 4 P. 100 | 5 P. 100 | 6 P. 100 | 7 P. 100 | NOMBRES $n$ D'ANNUITÉS | 4 P. 100 | 5 P. 100 | 6 P. 100 | 7 P. 100 |
|---|---|---|---|---|---|---|---|---|---|---|---|---|---|---|
| | fr. | fr. | fr. | fr. | | fr. | fr. | fr. | fr. | | fr. | fr. | fr. | fr. |
| 2 | 2,054 | 2,347 | 2,789 | 3,223 | 35 | 0,851 | 0,965 | 1,059 | 1,135 | 68 | 0,358 | 0,384 | 0,401 | 0,412 |
| 3 | 1,852 | 2,285 | 2,708 | 3,120 | 36 | 0,830 | 0,941 | 1,027 | 1,098 | 69 | 0,349 | 0,374 | 0,391 | 0,401 |
| 4 | 1,810 | 2,227 | 2,630 | 3,020 | 37 | 0,809 | 0,914 | 0,999 | 1,067 | 70 | 0,338 | 0,361 | 0,376 | 0,388 |
| 5 | 1,767 | 2,167 | 2,555 | 2,925 | 38 | 0,789 | 0,890 | 0,970 | 1,033 | 71 | 0,329 | 0,352 | 0,366 | 0,377 |
| 6 | 1,726 | 2,111 | 2,480 | 2,833 | 39 | 0,769 | 0,865 | 0,942 | 1,001 | 72 | 0,321 | 0,342 | 0,356 | 0,366 |
| 7 | 1,688 | 2,057 | 2,408 | 2,743 | 40 | 0,750 | 0,842 | 0,913 | 0,970 | 73 | 0,313 | 0,334 | 0,346 | 0,355 |
| 8 | 1,647 | 2,002 | 2,339 | 2,656 | 41 | 0,730 | 0,818 | 0,888 | 0,942 | 74 | 0,305 | 0,323 | 0,336 | 0,344 |
| 9 | 1,609 | 1,952 | 2,272 | 2,574 | 42 | 0,712 | 0,796 | 0,860 | 0,913 | 75 | 0,295 | 0,314 | 0,326 | 0,336 |
| 10 | 1,573 | 1,899 | 2,206 | 2,491 | 43 | 0,694 | 0,775 | 0,837 | 0,885 | 76 | 0,287 | 0,305 | 0,317 | 0,324 |
| 11 | 1,535 | 1,850 | 2,142 | 2,414 | 44 | 0,677 | 0,753 | 0,813 | 0,858 | 77 | 0,280 | 0,296 | 0,307 | 0,314 |
| 12 | 1,500 | 1,802 | 2,080 | 2,337 | 45 | 0,659 | 0,732 | 0,789 | 0,834 | 78 | 0,272 | 0,288 | 0,299 | 0,306 |
| 13 | 1,464 | 1,755 | 2,020 | 2,264 | 46 | 0,642 | 0,713 | 0,766 | 0,806 | 79 | 0,264 | 0,280 | 0,289 | 0,296 |
| 14 | 1,430 | 1,708 | 1,961 | 2,193 | 47 | 0,626 | 0,693 | 0,744 | 0,782 | 80 | 0,258 | 0,272 | 0,281 | 0,287 |
| 15 | 1,396 | 1,664 | 1,905 | 2,136 | 48 | 0,610 | 0,674 | 0,722 | 0,760 | 81 | 0,252 | 0,265 | 0,274 | 0,278 |
| 16 | 1,361 | 1,618 | 1,850 | 2,058 | 49 | 0,593 | 0,656 | 0,701 | 0,736 | 82 | 0,243 | 0,257 | 0,265 | 0,271 |
| 17 | 1,329 | 1,577 | 1,796 | 1,994 | 50 | 0,580 | 0,637 | 0,681 | 0,714 | 83 | 0,237 | 0,250 | 0,257 | 0,263 |
| 18 | 1,298 | 1,533 | 1,744 | 1,931 | 51 | 0,563 | 0,619 | 0,663 | 0,693 | 84 | 0,230 | 0,242 | 0,251 | 0,255 |
| 19 | 1,267 | 1,493 | 1,694 | 1,871 | 52 | 0,549 | 0,604 | 0,640 | 0,681 | 85 | 0,226 | 0,236 | 0,243 | 0,248 |
| 20 | 1,237 | 1,453 | 1,646 | 1,813 | 53 | 0,535 | 0,587 | 0,623 | 0,651 | 86 | 0,218 | 0,229 | 0,235 | 0,240 |
| 21 | 1,208 | 1,417 | 1,598 | 1,758 | 54 | 0,521 | 0,569 | 0,605 | 0,632 | 87 | 0,212 | 0,222 | 0,229 | 0,234 |
| 22 | 1,178 | 1,377 | 1,551 | 1,701 | 55 | 0,506 | 0,553 | 0,588 | 0,613 | 88 | 0,206 | 0,216 | 0,222 | 0,226 |
| 23 | 1,149 | 1,342 | 1,506 | 1,648 | 56 | 0,494 | 0,539 | 0,571 | 0,594 | 89 | 0,201 | 0,210 | 0,216 | 0,219 |
| 24 | 1,121 | 1,305 | 1,463 | 1,598 | 57 | 0,481 | 0,524 | 0,554 | 0,576 | 90 | 0,195 | 0,204 | 0,209 | 0,213 |
| 25 | 1,094 | 1,270 | 1,420 | 1,551 | 58 | 0,469 | 0,509 | 0,537 | 0,559 | 91 | 0,190 | 0,198 | 0,205 | 0,206 |
| 26 | 1,067 | 1,236 | 1,379 | 1,502 | 59 | 0,457 | 0,495 | 0,523 | 0,543 | 92 | 0,184 | 0,193 | 0,197 | 0,200 |
| 27 | 1,041 | 1,202 | 1,340 | 1,454 | 60 | 0,443 | 0,481 | 0,508 | 0,526 | 93 | 0,180 | 0,187 | 0,192 | 0,195 |
| 28 | 1,015 | 1,171 | 1,301 | 1,410 | 61 | 0,431 | 0,467 | 0,492 | 0,509 | 94 | 0,174 | 0,181 | 0,186 | 0,189 |
| 29 | 0,990 | 1,139 | 1,263 | 1,367 | 62 | 0,420 | 0,455 | 0,478 | 0,495 | 95 | 0,170 | 0,176 | 0,181 | 0,183 |
| 30 | 0,967 | 1,109 | 1,226 | 1,324 | 63 | 0,410 | 0,442 | 0,465 | 0,481 | 96 | 0,165 | 0,172 | 0,175 | 0,178 |
| 31 | 0,941 | 1,078 | 1,190 | 1,284 | 64 | 0,399 | 0,430 | 0,452 | 0,466 | 97 | 0,161 | 0,167 | 0,170 | 0,172 |
| 32 | 0,919 | 1,049 | 1,156 | 1,244 | 65 | 0,388 | 0,418 | 0,437 | 0,452 | 98 | 0,155 | 0,162 | 0,166 | 0,167 |
| 33 | 0,896 | 1,022 | 1,123 | 1,208 | 66 | 0,377 | 0,405 | 0,425 | 0,439 | 99 | 0,151 | 0,157 | 0,161 | 0,163 |
| 34 | 0,874 | 0,992 | 1,090 | 1,169 | 67 | 0,368 | 0,395 | 0,413 | 0,426 | 100 | 0,148 | 0,153 | 0,156 | 0,159 |

Formule générale :

$$R = 100 \frac{r}{(1+r)^n - 1}$$

# ESPÉRANCE D'UN SEUL TIRAGE

Valeur d'une prime de 100 francs, des obligations ci-dessous, pour le seul et premier des tirages à effectuer, lorsqu'il reste $n$ annuités à rembourser pour le complet amortissement de l'emprunt.

| NOMBRES n D'ANNUITÉS | OBLIGATIONS 3 P. 100 | 4 P. 100 | 5 P. 100 | DE L'EST | NOMBRES n D'ANNUITÉS | OBLIGATIONS 3 P. 100 | 4 P. 100 | 5 P. 100 | DE L'EST | NOMBRES n D'ANNUITÉS | OBLIGATIONS 3 P. 100 | 4 P. 100 | 5 P. 100 | DE L'EST |
|---|---|---|---|---|---|---|---|---|---|---|---|---|---|---|
| | fr. | fr. | fr. | fr. | | fr. | fr. | fr. | fr. | | fr. | fr. | fr. | fr. |
| 2 | 49,261 | 49,020 | 48,780 | 49,149 | 35 | 1,654 | 1,358 | 1,107 | 1,402 | 68 | 0,464 | 0,299 | 0,188 | 0,321 |
| 3 | 32,352 | 32,036 | 31,721 | 32,104 | 36 | 1,580 | 1,289 | 1,043 | 1,332 | 69 | 0,449 | 0,287 | 0,179 | 0,308 |
| 4 | 23,903 | 23,549 | 23,201 | 23,618 | 37 | 1,511 | 1,224 | 0,984 | 1,267 | 70 | 0,434 | 0,275 | 0,170 | 0,296 |
| 5 | 18,835 | 18,463 | 18,098 | 18,532 | 38 | 1,446 | 1,163 | 0,929 | 1,205 | 71 | 0,419 | 0,264 | 0,162 | 0,284 |
| 6 | 15,460 | 15,077 | 14,702 | 15,145 | 39 | 1,384 | 1,106 | 0,877 | 1,147 | 72 | 0,405 | 0,253 | 0,154 | 0,273 |
| 7 | 13,050 | 12,664 | 12,282 | 12,729 | 40 | 1,326 | 1,052 | 0,828 | 1,092 | 73 | 0,392 | 0,243 | 0,146 | 0,262 |
| 8 | 11,246 | 10,853 | 10,472 | 10,920 | 41 | 1,271 | 1,001 | 0,773 | 1,040 | 74 | 0,379 | 0,233 | 0,139 | 0,251 |
| 9 | 9,844 | 9,449 | 9,069 | 9,516 | 42 | 1,219 | 0,953 | 0,740 | 0,991 | 75 | 0,367 | 0,223 | 0,132 | 0,241 |
| 10 | 8,723 | 8,329 | 7,950 | 8,395 | 43 | 1,170 | 0,908 | 0,700 | 0,946 | 76 | 0,355 | 0,214 | 0,126 | 0,232 |
| 11 | 7,808 | 7,413 | 7,037 | 7,480 | 44 | 1,123 | 0,866 | 0,662 | 0,903 | 77 | 0,343 | 0,205 | 0,120 | 0,223 |
| 12 | 7,046 | 6,655 | 6,283 | 6,719 | 45 | 1,078 | 0,826 | 0,626 | 0,862 | 78 | 0,332 | 0,197 | 0,114 | 0,214 |
| 13 | 6,403 | 6,014 | 5,646 | 6,077 | 46 | 1,036 | 0,788 | 0,593 | 0,823 | 79 | 0,321 | 0,189 | 0,108 | 0,208 |
| 14 | 5,853 | 5,467 | 5,102 | 5,529 | 47 | 0,996 | 0,752 | 0,562 | 0,787 | 80 | 0,311 | 0,181 | 0,103 | 0,198 |
| 15 | 5,377 | 4,994 | 4,634 | 5,035 | 48 | 0,958 | 0,718 | 0,532 | 0,752 | 81 | 0,301 | 0,174 | 0,098 | 0,190 |
| 16 | 4,961 | 4,582 | 4,227 | 4,642 | 49 | 0,922 | 0,686 | 0,504 | 0,719 | 82 | 0,292 | 0,167 | 0,092 | 0,183 |
| 17 | 4,595 | 4,220 | 3,870 | 4,279 | 50 | 0,887 | 0,655 | 0,478 | 0,688 | 83 | 0,282 | 0,160 | 0,088 | 0,176 |
| 18 | 4,271 | 3,899 | 3,555 | 3,958 | 51 | 0,854 | 0,626 | 0,453 | 0,658 | 84 | 0,273 | 0,154 | 0,084 | 0,169 |
| 19 | 3,981 | 3,614 | 3,275 | 3,671 | 52 | 0,822 | 0,598 | 0,429 | 0,630 | 85 | 0,264 | 0,148 | 0,080 | 0,162 |
| 20 | 3,722 | 3,358 | 3,024 | 3,415 | 53 | 0,792 | 0,572 | 0,407 | 0,603 | 86 | 0,256 | 0,142 | 0,076 | 0,156 |
| 21 | 3,487 | 3,128 | 2,800 | 3,184 | 54 | 0,763 | 0,547 | 0,380 | 0,577 | 87 | 0,248 | 0,136 | 0,072 | 0,150 |
| 22 | 3,275 | 2,920 | 2,597 | 2,975 | 55 | 0,735 | 0,524 | 0,360 | 0,552 | 88 | 0,240 | 0,131 | 0,069 | 0,144 |
| 23 | 3,081 | 2,731 | 2,414 | 2,785 | 56 | 0,708 | 0,501 | 0,348 | 0,529 | 89 | 0,232 | 0,126 | 0,066 | 0,139 |
| 24 | 2,905 | 2,559 | 2,247 | 2,612 | 57 | 0,683 | 0,479 | 0,331 | 0,507 | 90 | 0,225 | 0,121 | 0,063 | 0,134 |
| 25 | 2,743 | 2,401 | 2,096 | 2,456 | 58 | 0,659 | 0,458 | 0,314 | 0,486 | 91 | 0,218 | 0,116 | 0,060 | 0,129 |
| 26 | 2,594 | 2,257 | 1,957 | 2,310 | 59 | 0,635 | 0,439 | 0,298 | 0,466 | 92 | 0,212 | 0,111 | 0,057 | 0,124 |
| 27 | 2,456 | 2,124 | 1,829 | 2,176 | 60 | 0,613 | 0,420 | 0,283 | 0,447 | 93 | 0,205 | 0,107 | 0,054 | 0,119 |
| 28 | 2,329 | 2,001 | 1,712 | 2,051 | 61 | 0,591 | 0,403 | 0,269 | 0,429 | 94 | 0,199 | 0,103 | 0,052 | 0,115 |
| 29 | 2,212 | 1,888 | 1,604 | 1,937 | 62 | 0,571 | 0,386 | 0,255 | 0,412 | 95 | 0,193 | 0,099 | 0,049 | 0,110 |
| 30 | 2,102 | 1,783 | 1,503 | 1,831 | 63 | 0,552 | 0,370 | 0,242 | 0,394 | 96 | 0,187 | 0,095 | 0,047 | 0,106 |
| 31 | 2,000 | 1,686 | 1,413 | 1,733 | 64 | 0,533 | 0,354 | 0,230 | 0,378 | 97 | 0,181 | 0,091 | 0,044 | 0,102 |
| 32 | 1,905 | 1,595 | 1,328 | 1,641 | 65 | 0,515 | 0,339 | 0,219 | 0,363 | 98 | 0,175 | 0,088 | 0,042 | 0,098 |
| 33 | 1,816 | 1,511 | 1,249 | 1,557 | 66 | 0,497 | 0,325 | 0,209 | 0,350 | 99 | 0,170 | 0,084 | 0,040 | 0,094 |
| 34 | 1,733 | 1,432 | 1,176 | 1,477 | 67 | 0,480 | 0,312 | 0,199 | 0,336 | 100 | 0,165 | 0,081 | 0,038 | 0,091 |

# DÉLAI MOYEN ET DÉLAI PROBABLE

DÉLAI MOYEN.

Formule générale :

$$d_m = \frac{(ns - 1)(1 + s)^n + 1}{((1 + s)^n - 1)s}$$

DÉLAI PROBABLE.

Formule générale :

$$d_p = \frac{\log \frac{1}{2}\left[(1 + s)^n + 1\right]}{\log (1 + s)}$$

### Du remboursement d'une obligation 3 p. 100 dont l'amortissement se fait en $n$ années, ou pour l'amortissement de laquelle il reste $n$ années à courir.

| NOMBRES $n$ D'ANNÉES | DÉLAI MOYEN | DÉLAI PROBABLE | NOMBRES $n$ D'ANNÉES | DÉLAI MOYEN | DÉLAI PROBABLE | NOMBRES $n$ D'ANNÉES | DÉLAI MOYEN | DÉLAI PROBABLE | NOMBRES $n$ D'ANNÉES | DÉLAI MOYEN | DÉLAI PROBABLE | NOMBRES $n$ D'ANNÉES | DÉLAI MOYEN | DÉLAI PROBABLE |
|---|---|---|---|---|---|---|---|---|---|---|---|---|---|---|
| 1 | an 1,00 | an (*) | 21 | ans 12,08 | ans 12,10 | 41 | ans 25,04 | ans 26,37 | 61 | ans 39,70 | ans 42,71 | 81 | aus 55,80 | ans 60,50 |
| 2 | 1,51 | 1,01 | 22 | 12,68 | 12,76 | 42 | 25,74 | 27,14 | 62 | 40,48 | 43,57 | 82 | 56,64 | 61,42 |
| 3 | 2,02 | 1,53 | 23 | 13,29 | 13,42 | 43 | 26,43 | 27,92 | 63 | 41,25 | 44,43 | 83 | 57,48 | 62,34 |
| 4 | 2,54 | 2,06 | 24 | 13,90 | 14,09 | 44 | 27,14 | 28,70 | 64 | 42,03 | 45,30 | 84 | 58,32 | 63,26 |
| 5 | 3,06 | 2,60 | 25 | 14,52 | 14,77 | 45 | 27,86 | 29,49 | 65 | 42,82 | 46,17 | 85 | 59,17 | 64,19 |
| 6 | 3,59 | 3,14 | 26 | 15,15 | 15,44 | 46 | 28,56 | 30,28 | 66 | 43,60 | 47,05 | 86 | 60,01 | 65,11 |
| 7 | 4,12 | 3,69 | 27 | 15,77 | 16,13 | 47 | 29,27 | 31,08 | 67 | 44,39 | 47,92 | 87 | 60,86 | 66,04 |
| 8 | 4,66 | 4,24 | 28 | 16,41 | 16,82 | 48 | 29,99 | 31,88 | 68 | 45,19 | 48,80 | 88 | 61,72 | 66,97 |
| 9 | 5,20 | 4,80 | 29 | 17,04 | 17,52 | 49 | 30,71 | 32,69 | 69 | 45,99 | 49,69 | 89 | 62,58 | 67,90 |
| 10 | 5,74 | 5,37 | 30 | 17,69 | 18,22 | 50 | 31,44 | 33,50 | 70 | 46,79 | 50,57 | 90 | 63,43 | 68,84 |
| 11 | 6,30 | 5,94 | 31 | 18,33 | 18,93 | 51 | 32,18 | 34,32 | 71 | 47,59 | 51,46 | 91 | 64,30 | 69,77 |
| 12 | 6,85 | 6,53 | 32 | 18,98 | 19,65 | 52 | 32,91 | 35,14 | 72 | 48,40 | 52,36 | 92 | 65,16 | 70,71 |
| 13 | 7,41 | 7,12 | 33 | 19,64 | 20,37 | 53 | 33,65 | 35,96 | 73 | 49,21 | 53,25 | 93 | 66,03 | 71,65 |
| 14 | 7,98 | 7,72 | 34 | 20,30 | 21,10 | 54 | 34,39 | 36,79 | 74 | 50,02 | 54,15 | 94 | 66,89 | 72,59 |
| 15 | 8,55 | 8,32 | 35 | 20,96 | 21,84 | 55 | 35,14 | 37,63 | 75 | 50,84 | 55,05 | 95 | 67,77 | 73,53 |
| 16 | 9,13 | 8,94 | 36 | 21,63 | 22,58 | 56 | 35,89 | 38,47 | 76 | 51,66 | 55,95 | 96 | 68,64 | 74,48 |
| 17 | 9,71 | 9,56 | 37 | 22,30 | 23,33 | 57 | 36,65 | 39,31 | 77 | 52,48 | 56,86 | 97 | 69,51 | 75,42 |
| 18 | 10,29 | 10,18 | 38 | 22,98 | 24,08 | 58 | 37,41 | 40,15 | 78 | 53,31 | 57,77 | 98 | 70,39 | 76,37 |
| 19 | 10,88 | 10,81 | 39 | 23,54 | 24,83 | 59 | 38,17 | 40,90 | 79 | 54,13 | 58,68 | 99 | 71,27 | 77,32 |
| 20 | 11,48 | 11,46 | 40 | 24,35 | 25,60 | 60 | 38,93 | 41,85 | 80 | 54,97 | 59,59 | 100 | 72,16 | 78,27 |

* Voir page 35.

Formule générale :
$$z = \frac{100}{(1,05)^x}$$
$x$ est le délai probable du remboursement.

**Table VIII.**

## VALEUR PROBABLE

D'une prime de 100 francs d'une obligation 3 p. 100 remboursable en $n$ années. Valeur escomptée à 5 p. 100.

| ANNÉES | VALEUR PROBABLE | ANNÉES | VALEUR PROBABLE | ANNÉES | VALEUR PROBABLE | ANNÉES | VALEUR PROBABLE | ANNÉES | VALEUR PROBABLE |
|---|---|---|---|---|---|---|---|---|---|
| | fr. | | fr. | | fr. | | fr. | | fr. |
| | | 21 | 55,402 | 41 | 27,628 | 61 | 12,445 | 81 | 5,224 |
| 2 | 95,238 | 22 | 53,663 | 42 | 26,605 | 62 | 11,934 | 82 | 4,995 |
| 3 | 92,892 | 23 | 51,962 | 43 | 25,612 | 63 | 11,441 | 83 | 4,776 |
| 4 | 90,442 | 24 | 50,298 | 44 | 24,653 | 64 | 10,967 | 84 | 4,560 |
| 5 | 88,118 | 25 | 48,572 | 45 | 23,724 | 65 | 10,511 | 85 | 4,363 |
| 6 | 85,824 | 26 | 47,083 | 46 | 22,823 | 66 | 10,072 | 86 | 4,172 |
| 7 | 83,560 | 27 | 45,532 | 47 | 21,951 | 67 | 9,650 | 87 | 3,987 |
| 8 | 81,329 | 28 | 44,019 | 48 | 21,108 | 68 | 9,244 | 88 | 3,810 |
| 9 | 79,130 | 29 | 42,543 | 49 | 20,293 | 69 | 8,855 | 89 | 3,640 |
| 10 | 76,963 | 30 | 41,104 | 50 | 19,505 | 70 | 8,480 | 90 | 3,478 |
| 11 | 74,828 | 31 | 39,702 | 51 | 18,743 | 71 | 8,120 | 91 | 3,324 |
| 12 | 72,726 | 32 | 38,337 | 52 | 18,007 | 72 | 7,774 | 92 | 3,175 |
| 13 | 70,657 | 33 | 37,008 | 53 | 17,296 | 73 | 7,442 | 93 | 3,033 |
| 14 | 68,624 | 34 | 35,714 | 54 | 16,610 | 74 | 7,123 | 94 | 2,897 |
| 15 | 66,623 | 35 | 34,457 | 55 | 15,948 | 75 | 6,817 | 95 | 2,767 |
| 16 | 64,663 | 36 | 33,234 | 56 | 15,309 | 76 | 6,523 | 96 | 2,642 |
| 17 | 62,736 | 37 | 32,046 | 57 | 14,694 | 77 | 6,241 | 97 | 2,523 |
| 18 | 60,846 | 38 | 30,891 | 58 | 14,100 | 78 | 5,970 | 98 | 2,409 |
| 19 | 58,994 | 39 | 29,771 | 59 | 13,428 | 79 | 5,711 | 99 | 2,300 |
| 20 | 57,179 | 40 | 28,683 | 60 | 12,976 | 80 | 5,462 | 100 | 2,196 |

---

Formule générale :
$$f = \frac{c}{(1 + r)^n}$$
$n$ est le nombre d'années.

**Table IX.**

## VALEUR ACTUELLE DE 1 FR.

Payable au bout d'un certain nombre d'années escomptée aux différents taux ci-dessous.

| TAUX $r$ p. 100. | 1 AN | 2 ANS | 3 ANS | 4 ANS | 5 ANS | 6 ANS | TAUX $r$ p. 100. |
|---|---|---|---|---|---|---|---|
| | fr. | fr. | fr. | fr. | fr. | fr. | |
| 4,0 | 0,962 | 0,925 | 0,889 | 0,855 | 0,822 | 0,790 | 4,0 |
| 4,1 | 0,961 | 0,923 | 0,886 | 0,852 | 0,818 | 0,786 | 4,1 |
| 4,2 | 0,960 | 0,921 | 0,884 | 0,848 | 0,814 | 0,784 | 4,2 |
| 4,3 | 0,959 | 0,919 | 0,881 | 0,845 | 0,810 | 0,777 | 4,3 |
| 4,4 | 0,958 | 0,917 | 0,879 | 0,842 | 0,806 | 0,772 | 4,4 |
| 4,5 | 0,957 | 0,916 | 0,876 | 0,839 | 0,802 | 0,768 | 4,5 |
| 4,6 | 0,956 | 0,914 | 0,874 | 0,835 | 0,799 | 0,764 | 4,6 |
| 4,7 | 0,955 | 0,912 | 0,871 | 0,832 | 0,795 | 0,759 | 4,7 |
| 4,8 | 0,954 | 0,911 | 0,869 | 0,829 | 0,791 | 0,755 | 4,8 |
| 4,9 | 0,953 | 0,909 | 0,866 | 0,826 | 0,787 | 0,751 | 4,9 |
| 5,0 | 0,952 | 0,907 | 0,864 | 0,823 | 0,784 | 0,746 | 5,0 |
| 5,1 | 0,951 | 0,905 | 0,861 | 0,820 | 0,780 | 0,742 | 5,1 |
| 5,2 | 0,950 | 0,904 | 0,859 | 0,816 | 0,776 | 0,738 | 5,2 |
| 5,3 | 0,950 | 0,902 | 0,856 | 0,813 | 0,772 | 0,734 | 5,3 |
| 5,4 | 0,949 | 0,900 | 0,854 | 0,810 | 0,769 | 0,729 | 5,4 |
| 5,5 | 0,948 | 0,898 | 0,852 | 0,807 | 0,765 | 0,725 | 5,5 |
| 5,6 | 0,947 | 0,897 | 0,849 | 0,804 | 0,762 | 0,721 | 5,6 |
| 5,7 | 0,946 | 0,895 | 0,847 | 0,801 | 0,758 | 0,717 | 5,7 |
| 5,8 | 0,945 | 0,893 | 0,844 | 0,798 | 0,754 | 0,713 | 5,8 |
| 5,9 | 0,944 | 0,892 | 0,842 | 0,795 | 0,751 | 0,709 | 5,9 |
| 6,0 | 0,943 | 0,890 | 0,840 | 0,792 | 0,747 | 0,705 | 6,0 |
| 6,1 | 0,943 | 0,888 | 0,837 | 0,789 | 0,744 | 0,701 | 6,1 |
| 6,2 | 0,942 | 0,887 | 0,835 | 0,786 | 0,740 | 0,697 | 6,2 |
| 6,3 | 0,941 | 0,885 | 0,833 | 0,783 | 0,737 | 0,693 | 6,3 |
| 6,4 | 0,940 | 0,883 | 0,830 | 0,780 | 0,733 | 0,689 | 6,4 |
| 6,5 | 0,939 | 0,882 | 0,828 | 0,777 | 0,730 | 0,685 | 6,5 |
| 6,6 | 0,938 | 0,880 | 0,826 | 0,774 | 0,726 | 0,681 | 6,6 |
| 6,7 | 0,937 | 0,878 | 0,823 | 0,772 | 0,723 | 0,678 | 6,7 |
| 6,8 | 0,936 | 0,877 | 0,821 | 0,769 | 0,720 | 0,674 | 6,8 |
| 6,9 | 0,935 | 0,875 | 0,819 | 0,766 | 0,718 | 0,670 | 6,9 |
| 7,0 | 0,935 | 0,873 | 0,816 | 0,763 | 0,713 | 0,666 | 7,0 |

Formule générale :

$$e = \frac{c}{\sqrt[n]{(1 + r)^n}}$$

$n$ est le nombre de mois.

# VALEUR ACTUELLE DE 1 FRANC

**Payable au bout d'un certain nombre de mois, escomptée aux différents taux ci-dessous.**

| TAUX p. 100. | 1 MOIS | 2 MOIS | 3 MOIS | 4 MOIS | 5 MOIS | 6 MOIS | 7 MOIS | 8 MOIS | 9 MOIS | 10 MOIS | 11 MOIS | 12 MOIS | TAUX p. 100. |
|---|---|---|---|---|---|---|---|---|---|---|---|---|---|
| | fr. | fr. | fr. | fr. | fr. | fr. | fr. | fr. | fr. | fr. | fr. | fr. | |
| 4,0 | 0,997 | 0,993 | 0,990 | 0,987 | 0,984 | 0,981 | 0,977 | 0,974 | 0,971 | 0,968 | 0,965 | 0,962 | 4,0 |
| 4,1 | 0,997 | 0,993 | 0,990 | 0,987 | 0,983 | 0,980 | 0,977 | 0,974 | 0,970 | 0,967 | 0,964 | 0,961 | 4,1 |
| 4,2 | 0,997 | 0,993 | 0,990 | 0,986 | 0,983 | 0,980 | 0,976 | 0,973 | 0,970 | 0,966 | 0,963 | 0,960 | 4,2 |
| 4,3 | 0,997 | 0,993 | 0,990 | 0,986 | 0,983 | 0,979 | 0,976 | 0,972 | 0,969 | 0,966 | 0,962 | 0,959 | 4,3 |
| 4,4 | 0,996 | 0,993 | 0,989 | 0,986 | 0,982 | 0,979 | 0,975 | 0,972 | 0,968 | 0,965 | 0,961 | 0,958 | 4,4 |
| 4,5 | 0,996 | 0,993 | 0,989 | 0,985 | 0,982 | 0,978 | 0,975 | 0,971 | 0,968 | 0,964 | 0,960 | 0,957 | 4,5 |
| 4,6 | 0,996 | 0,993 | 0,989 | 0,985 | 0,981 | 0,978 | 0,974 | 0,970 | 0,967 | 0,963 | 0,960 | 0,956 | 4,6 |
| 4,7 | 0,996 | 0,992 | 0,989 | 0,985 | 0,981 | 0,977 | 0,974 | 0,970 | 0,966 | 0,962 | 0,959 | 0,955 | 4,7 |
| 4,8 | 0,996 | 0,992 | 0,988 | 0,984 | 0,981 | 0,977 | 0,973 | 0,969 | 0,965 | 0,962 | 0,958 | 0,954 | 4,8 |
| 4,9 | 0,996 | 0,992 | 0,988 | 0,984 | 0,980 | 0,976 | 0,972 | 0,969 | 0,965 | 0,961 | 0,957 | 0,953 | 4,9 |
| 5,0 | 0,996 | 0,992 | 0,988 | 0,984 | 0,980 | 0,976 | 0,972 | 0,968 | 0,964 | 0,960 | 0,956 | 0,952 | 5,0 |
| 5,1 | 0,996 | 0,992 | 0,988 | 0,984 | 0,979 | 0,975 | 0,971 | 0,967 | 0,963 | 0,959 | 0,955 | 0,951 | 5,1 |
| 5,2 | 0,996 | 0,992 | 0,987 | 0,983 | 0,979 | 0,975 | 0,971 | 0,967 | 0,963 | 0,959 | 0,955 | 0,950 | 5,2 |
| 5,3 | 0,996 | 0,991 | 0,987 | 0,983 | 0,979 | 0,975 | 0,970 | 0,966 | 0,962 | 0,958 | 0,954 | 0,950 | 5,3 |
| 5,4 | 0,996 | 0,991 | 0,987 | 0,983 | 0,678 | 0,974 | 0,970 | 0,966 | 0,961 | 0,957 | 0,953 | 0,949 | 5,4 |
| 5,5 | 0,996 | 0,991 | 0,987 | 0,982 | 0,978 | 0,974 | 0,969 | 0,965 | 0,961 | 0,956 | 0,952 | 0,948 | 5,5 |
| 5,6 | 0,995 | 0,991 | 0,986 | 0,982 | 0,978 | 0,973 | 0,969 | 0,964 | 0,960 | 0,956 | 0,951 | 0,947 | 5,6 |
| 5,7 | 0,995 | 0,991 | 0,986 | 0,982 | 0,977 | 0,973 | 0,968 | 0,964 | 0,959 | 0,955 | 0,950 | 0,946 | 5,7 |
| 5,8 | 0,995 | 0,991 | 0,986 | 0,981 | 0,977 | 0,972 | 0,968 | 0,963 | 0,959 | 0,954 | 0,950 | 0,945 | 5,8 |
| 5,9 | 0,995 | 0,990 | 0,986 | 0,981 | 0,976 | 0,972 | 0,967 | 0,963 | 0,958 | 0,953 | 0,949 | 0,944 | 5,9 |
| 6,0 | 0,995 | 0,990 | 0,986 | 0,981 | 0,976 | 0,971 | 0,967 | 0,962 | 0,957 | 0,953 | 0,948 | 0,943 | 6,0 |
| 6,1 | 0,995 | 0,990 | 0,985 | 0,980 | 0,976 | 0,971 | 0,966 | 0,961 | 0,957 | 0,952 | 0,947 | 0,943 | 6,1 |
| 6,2 | 0,995 | 0,990 | 0,985 | 0,980 | 0,975 | 0,970 | 0,966 | 0,961 | 0,656 | 0,951 | 0,946 | 0,942 | 6,2 |
| 6,3 | 0,995 | 0,990 | 0,985 | 0,980 | 0,975 | 0,970 | 0,965 | 0,960 | 0,955 | 0,950 | 0,946 | 0,941 | 6,3 |
| 6,4 | 0,995 | 0,990 | 0,985 | 0,980 | 0,974 | 0,969 | 0,964 | 0,959 | 0,955 | 0,950 | 0,945 | 0,940 | 6,4 |
| 6,5 | 0,995 | 0,990 | 0,984 | 0,979 | 0,974 | 0,969 | 0,964 | 0,959 | 0,954 | 0,949 | 0,944 | 0,939 | 6,5 |
| 6,6 | 0,995 | 0,989 | 0,984 | 0,979 | 0,974 | 0,969 | 0,963 | 0,958 | 0,953 | 0,948 | 0,943 | 0,938 | 6,6 |
| 6,7 | 0,995 | 0,989 | 0,984 | 0,979 | 0,973 | 0,968 | 0,963 | 0,958 | 0,953 | 0,947 | 0,942 | 0,937 | 6,7 |
| 6,8 | 0,995 | 0,989 | 0,984 | 0,978 | 0,973 | 0,968 | 0,962 | 0,957 | 0,952 | 0,947 | 0,941 | 0,936 | 6,8 |
| 6,9 | 0,994 | 0,989 | 0,983 | 0,978 | 0,973 | 0,967 | 0,962 | 0,956 | 0,951 | 0,946 | 0,941 | 0,935 | 6,9 |
| 7,0 | 0,994 | 0,989 | 0,983 | 0,978 | 0,972 | 0,967 | 0,961 | 0,956 | 0,951 | 0,945 | 0,940 | 0,935 | 7,0 |

# TABLE DES MATIÈRES

## PREMIÈRE PARTIE

### Introduction



### Obligations trois pour cent





### Obligations diverses

# SECONDE PARTIE

FIN DE LA TABLE DES MATIÈRES.

Corbeil, typographie et stéréotypie de Crété.

www.ingramcontent.com/pod-product-compliance
Ingram Content Group UK Ltd.
Pitfield, Milton Keynes, MK11 3LW, UK
UKHW022355070726
13614UKWH00003B/1189